中国电子教育学会高教分会推荐

普通高等教育电子信息类"十三五"课改规划教材

嵌入式系统应用开发

包理群 主编

U0314800

西安电子科技大学出版社

内 容 简 介

本书基于 ARM 微处理器和嵌入式 Linux 操作系统,以实际嵌入式应用开发过程为依据,详细介绍了嵌入式系统的基本概念、开发方法,Linux C 语言编辑、编译和调试,嵌入式 Linux 开发环境搭建、文件操作、串口编程、进程与线程编程,嵌入式数据库概述、SQLite 数据库的安装和移植、SQLite 基本命令和编程操作,QT 图形用户界面设计、嵌入式 Web 服务器移植和应用、Socket 网络通信、嵌入式数据采集系统、嵌入式 Linux 时间编程等。本书的讲解深入浅出,从基本概念到具体应用都给出了大量实例,并结合丰富的课后练习和实训项目,使读者能边学边用,更好更快地掌握嵌入式 Linux 应用开发的主要知识点。

本书的所有实例都在博创 UP-TECH S2410/2440 实验箱和 TINY210 开发板上调试通过,也可移植到其他硬件平台。

本书既可作为应用型本科院校计算机及电子信息类专业学生学习嵌入式应用开发的教材,也适合嵌入式 Linux 系统开发人员及爱好者参考使用。

图书在版编目(CIP)数据

嵌入式系统应用开发 / 包理群主编. —西安:西安电子科技大学出版社,2017.7
普通高等教育电子信息类"十三五"课改规划教材
ISBN 978–7–5606–4553–7

Ⅰ. ① 嵌⋯ Ⅱ. ① 包⋯ Ⅲ. ① 微型计算机—系统设计 Ⅳ. ① TP360.21

中国版本图书馆 CIP 数据核字(2017)第 150648 号

策　　划　刘玉芳
责任编辑　孙美菊　雷鸿俊
出版发行　西安电子科技大学出版社(西安市太白南路 2 号)
电　　话　(029) 88242885　88201467　　　　邮　　编　710071
网　　址　www.xduph.com　　　　　　　　电子邮箱　xdupfxb001@163.com
经　　销　新华书店
印刷单位　陕西利达印务有限责任公司
版　　次　2017 年 7 月第 1 版　　　　　　2017 年 7 月第 1 次印刷
开　　本　787 毫米×1092 毫米　　　　　1/16　印　张　15.5
字　　数　365 千字
印　　数　1～3000 册
定　　价　32.00 元

ISBN 978–7–5606–4553–7 / TP
XDUP　4845001–1
如有印装问题可调换

前　言

随着无人机、无人驾驶、可穿戴设备、智能家居、智能城市等相关产业技术产品的创新应用及不断涌现，IT 行业也势不可挡地进入了嵌入式时代。嵌入式系统因其体积小、可靠性高、功能强、灵活方便等优点，对各行各业的技术改造、产品更新换代、智能化进程加速、生产效率提高等方面起到了极其重要的推动作用。伴随着巨大的产业需求，我国嵌入式人才的需求量也一路高涨，而同嵌入式技术的快速发展相比，我国嵌入式人才的培养却相对滞后，嵌入式软件人才缺口巨大，人才的匮乏已成为制约嵌入式产业发展的瓶颈。

本书正是针对嵌入式学习"门槛高"、"难度大"等问题，为面向具有一定计算机和 C 语言基础的读者提供的一本快速进入嵌入式 Linux 应用开发的入门性书籍。

全书共 6 章。

第 1 章讲述嵌入式基础知识，包括嵌入式系统的概念、嵌入式系统的特点和应用领域、嵌入式系统的基本结构、嵌入式系统的开发方法和嵌入式硬件开发平台，使读者对嵌入式系统有一个初步的认识。

第 2 章从 Linux 操作系统的安装、常用命令讲起，然后通过实例讲述 Linux C 语言编辑、编译和调试，包括 Vi 编辑器、GCC 编译工具、GDB 调试器及 makefile 文件的编写和工程管理，让读者具备嵌入式 Linux 程序开发的基础知识。

第 3 章讲述如何构建嵌入式 Linux 开发环境，包括交叉编译环境的建立方法、宿主机与嵌入式实验箱/开发板的通信、程序的下载/挂载执行以及 Windows 与 Linux 的数据共享。

第 4 章介绍文件处理与多任务编程，包括文件操作、串口编程、进程创建与进程控制、进程间通信、多线程编程、多线程同步与互斥等。

第 5 章讲述嵌入式数据库技术，包括关系数据库概念、关系数据库设计、SQLite 数据库的安装移植和基本命令、SQLite 数据库的编程操作等。

第 6 章介绍基于嵌入式 Linux 的应用程序开发实例，包括 Qt 集成开发环境的构建、图形用户界面应用程序设计、嵌入式 Web 服务器的移植和应用、CGI 程序的编写、Socket 网络通信、嵌入式数据采集系统、嵌入式 Linux 时间编程等。

本书由兰州工业学院包理群主编，在编写过程中，得到了兰州工业学院领导和老师的关心和支持，同时也得到了西安电子科技大学出版社的帮助，在此一并表示衷心的感谢！

由于作者水平有限，加之时间仓促，疏漏之处在所难免，恳请读者不吝赐教。

编　者
2017 年 2 月

目　　录

第 1 章　嵌入式系统概述

伴随着产业的发展，从通信、工业控制到消费电子、智能家居、北斗导航和物联网应用，嵌入式系统已无处不在。手机、MP4、可视电话、数码相机、游戏机、智能玩具、智能家电、车载电子、服务机器人等各种各样的嵌入式系统设备在应用数量上远远超过了通用计算机。嵌入式系统市场是巨大的，市场需求是嵌入式系统产业化发展的巨大推动力，据统计，目前约有 10%～20% 的计算机芯片是为台式或便携式电脑设计的，80%～90% 的计算机芯片是为嵌入式产品设计的，这意味着每年有 10 亿至 20 亿个 CPU 是为嵌入式产品制造的。"计算机无处不在"很大程度上归功于嵌入式系统的广泛应用。

嵌入式系统无疑是当前最热门最有发展前途的 IT 应用领域之一，然而到底什么是嵌入式系统呢？通过本章的学习，我们将会对嵌入式系统有一个较全面的认识。通过本章的学习，应掌握以下内容：

(1) 嵌入式系统的定义。

(2) 嵌入式系统的特点和应用领域。

(3) 嵌入式系统的基本结构。

(4) 嵌入式系统的开发方法。

(5) 嵌入式硬件开发平台。

1.1　什么是嵌入式系统

1.1.1　嵌入式系统的定义

电子数字计算机诞生于 1946 年，在其后很长时间里，计算机始终是用于实现数值计算的大型昂贵设备；直到 20 世纪 70 年代，微处理的出现才使计算机发生了历史性的变化。以微处理为核心的微型计算机具有小型、价廉、高可靠性等特点，其表现出的智能化水平引起了控制专业人士的兴趣，进而产生了将微型机嵌入到一个对象体系中，实现对象体系的智能化控制的设想。例如，将微型计算机经电气和机械加固，并配置各种外围接口电路，安装到大型舰船中构成自动驾驶仪或轮机状态监测系统。这样，计算机便失去了原来的形态与通用的计算机功能。通常将这类应用中的计算机系统称为嵌入式系统（Embedded System）。

但是，可以说直至今日，嵌入式系统仍是一个相对模糊的概念，IEEE(国际电气和电子工程师协会)对嵌入式系统的定义是："用于控制、监视或者辅助操作机器和设备的装置。"这主要是从应用对象上加以定义的，从中可以看出嵌入式系统是软件和硬件的综合体，还可以涵盖机械等附属装置。这个定义指出了嵌入式系统的目的，但没有规定用什么途径来实现嵌入式系统。

国内普遍认同的嵌入式系统定义为：以应用为中心，以计算机技术为基础，软硬件可裁剪，适应应用系统对功能、可靠性、成本、体积、功耗等有严格要求的专用计算机系统。由此可见，嵌入式系统是嵌入到产品设备中的专用计算机系统，作为装置或设备的一部分。"嵌入式"、"专用性"和"计算机系统"是嵌入式系统的 3 个基本要素。

我们也把嵌入到对象体系中，实现智能化控制的计算机，称作嵌入式系统。一个嵌入式系统装置一般都由嵌入式计算机系统和执行装置组成，嵌入式计算机系统是整个嵌入式系统的核心，由嵌入式微处理器、外围设备、嵌入式操作系统和应用软件组成。执行装置也称为被控对象，它可以接收嵌入式计算机系统发出的控制命令，执行所规定的操作或任务。执行装置可以很简单，如手机上的一个微小型的电机，当手机处于震动接收状态时打开；也可以很复杂，如 SONY 智能机器狗上面集成了多种传感器和多个微小型控制电机，从而可以感受各种状态信息和执行各种复杂的动作。应当注意：在理解嵌入式系统定义时，不要与嵌入式设备相混淆。嵌入式设备是指内部有嵌入式系统的产品、设备，例如内含单片机的家用电器、仪器仪表、工控单元、机器人、手机、PDA 等。

目前，一般把计算机系统分为两类，即通用计算机系统(通用计算机)和嵌入式计算机系统(嵌入式系统)。通用计算机系统的技术要求是高速、海量的数值计算，技术发展方向是总线速度的无限提升及存储容量的无限扩大；嵌入式计算机系统的技术要求则是对象的智能化控制能力，技术发展方向是与对象系统密切相关的嵌入性能、控制能力与控制的可靠性。嵌入式计算机系统与通用计算机系统的硬件和软件的比较如表 1-1 和表 1-2 所示。

表 1-1　嵌入式计算机系统和通用计算机系统硬件的比较

比较项目	通用计算机	嵌入式计算机
CPU	CPU(Intel、AMD 等)	嵌入式处理器(ARM、MIPS 等)
内存	内存条	SDRAM 芯片
存储设备	硬盘	Flash 芯片
输入设备	键盘、鼠标	按键、触摸屏
输出设备	显示器	LCD、控制设备等
接口	标准配置	MAX232 等芯片，根据具体应用进行配置

表 1-2　嵌入式计算机系统和通用计算机系统软件的比较

比较项目	通用计算机	嵌入式计算机
引导代码	主板的 BIOS 引导	Bootloader 引导，针对不同电路移植
操作系统	Windows、Linux 等	VxWorks、嵌入式 Linux、Android
驱动程序	OS 自带或下载	自己开发，需移植
协议栈	OS 或第三方提供	需要移植
开发环境	本机开发和调试	借助服务器进行交叉编译
仿真器	不需要	需要

1.1.2 嵌入式系统的特点

嵌入式系统具有以下特点:

(1) 嵌入性。将计算机嵌入到一个对象体系中,这是理解嵌入式系统的基本出发点。例如,门禁系统必须嵌入到门内,汽车的电子防抱死系统必须与汽车的制动、刹车装置紧密结合。

(2) 专用性。和通用计算机不同,嵌入式系统通常是面向特定应用领域的。例如,MP3主要用于播放音乐、歌曲,计算器主要用于数据运算,游戏机主要用于游戏、娱乐,电子词典主要用于翻译。嵌入式系统的硬件和软件,尤其是软件,都是为特定用户群设计的,具有专用性的特点。

(3) 可裁剪。通用计算机通常倾向于配置越高越好,安装的软件越全使用越方便。而嵌入式系统考虑到产品的成本,要求资源够用即可,即具有满足对象要求的最小软、硬件配置。因此必须把嵌入式系统硬件和软件设计成可裁剪的,可根据实际应用需求量体裁衣,去除冗余,同时也降低了系统功耗,提高了系统稳定性。

(4) 可靠性。可靠性也称为鲁棒性。嵌入式系统有时承担着涉及产品质量、人身设备安全、财产安全、军事侦察、国家机密等的重大事务,而且通常需要长期工作,所以与通用计算机相比较,对嵌入式系统可靠性的要求极高。

(5) 实时性。实时性是指当外界事件或数据产生时,能够接收并以足够快的速度予以处理,其处理的结果又能在规定的时间内来控制生产过程。例如,在武器装备中和一些工业控制装置中的嵌入式系统对实时性要求很高。但对于掌上电脑、汽车导航系统等对实时性的要求并不是很高,因此嵌入式系统的实时性又分为强实时和弱实时。

(6) 功耗低。小型的便于携带的嵌入式产品,如手机、PDA、MP3、数码相机等,这些设备一般需要采用体积较小的电池来供电,只有降低系统功耗,才能延长系统的工作时间,因此低功耗一直是嵌入式系统追求的目标。例如,手机的待机时间是非常重要的性能指标之一,它基本上由内部的嵌入式系统功耗决定。可以从两方面降低系统功耗:一是在嵌入式系统硬件设计时,尽量选择功耗较低的芯片并把不需要的外设和端口去掉;二是在嵌入式软件系统设计中,在对功能、性能进行优化的同时,也对功耗进行必要的优化,尽可能节省对外设的使用,达到省电的目的。

1.1.3 嵌入式系统的发展历程

计算机是应数值计算的要求诞生的。在计算机发展的早期,电子计算机技术一直沿着满足高速数值计算的道路发展。当计算机速度达到一定程度后,就完全能够满足某些领域的应用。所以人们不再追求速度,而有了如下要求:① 体积小,应用灵活;② 嵌入到具体的应用体中,而不以计算机的面貌出现;③ 直接面向控制对象。因此,一种称之为单片机或微控制器的技术得到了发展,这便是最早的嵌入式系统。

嵌入式系统的发展经历了四个阶段:

第一阶段:20 世纪 70 年代,以 4 到 8 位单片机为核心的可编程控制器系统。这种系统大部分应用于一些专业性极强的工业控制系统中,一般没有操作系统的支持,通过汇编语言程序对系统进行直接控制。这一阶段的主要特点是：系统结构和功能相对单一、处理效率低、存储容量也十分有限，几乎没有用户接口。

第二阶段：20世纪80年代，以8到16位嵌入式处理器为基础、以简单操作系统为核心。其主要特点是：通用性比较弱；系统开销小，效率高；操作系统具有一定的兼容性；应用软件较专业，用户界面不够友好；在国内工业领域应用较为普遍，但不能满足一些现代化工业控制和新兴信息家电等领域的需求。其主要的技术发展方向是：不断扩展对象系统要求的各种外围和接口电路，突显其对象的智能化控制能力。

第三阶段：20世纪90年代，以32位RISC嵌入式中央处理器为基础，并且使用嵌入式操作系统。其主要特点是：嵌入式操作系统兼容性好；操作系统内核精小、效率高，并且具有高度的模块化和扩展性；具备文件和目录管理、设备支持、多任务、网络支持、图形窗口以及用户界面等功能。

第四阶段：21世纪，以Internet为标志的迅速发展阶段。嵌入式网络化主要表现在两个方面，一方面是嵌入式处理器集成了网络接口，另一方面是嵌入式设备应用于网络环境中。以前大多数嵌入式系统还孤立于Internet之外，随着Internet的进一步发展，Internet技术与信息家电、工业控制技术等的结合日益紧密，冰箱、空调等的网络化、智能化将使人们的生活步入一个崭新的模式，即使你不在家里，也可以通过手机进行远程控制。

1.1.4　嵌入式系统的应用领域及发展趋势

1. 嵌入式系统的应用领域

嵌入式系统的应用几乎无处不在，军用装备、信息家电、工业控制……无不有它的踪影。嵌入式系统因其体积小、功能强、灵活方便，对各行各业的技术改造、产品更新换代、加速自动化进程、提高生产率等方面起到了极其重要的推动作用。图1-1列举了嵌入式系统的主要应用领域。

图 1-1　嵌入式系统的应用领域

(1) 军用装备。各种武器控制(火炮控制、导弹控制、智能炸弹制导引爆装置)、坦克、舰艇、轰炸机等陆海空各种军用电子装备，雷达、电子对抗军事通信装备，野战指挥作战用的各种专用设备等。

(2) 信息家电。各种信息家电产品，如数字电视机、机顶盒、数码相机、VCD、DVD、音响设备、可视电话、家庭网络设备、洗衣机、电冰箱、智能玩具等，广泛采用微处理器/微控制器及嵌入式软件，这也是嵌入式系统最大的应用领域。

(3) 工业控制。各种智能测量仪表、数控装置、可编程控制器、分布式控制系统、现场总线仪表及控制系统、机电一体化机械设备等，广泛采用微处理器/控制器芯片级、标准总线的模板级及嵌入式计算机系统。基于嵌入式芯片的工业自动化设备将获得长足的发展，目前已经有大量的 8、16、32、64 位嵌入式微控制器/处理器处于应用中。

(4) 交通管理。在车辆导航、流量控制、信息监测与汽车服务方面，嵌入式系统技术获得了广泛的应用，内嵌 GPS 模块、GPRS 模块的移动定位和通信终端已经在交通管理中获得了成功的使用，智慧交通让人们的出行更加方便。

(5) 机器人。嵌入式芯片的发展将使机器人在微型化、智能化方面的优势更加明显，同时会大幅度降低产品的价格，使其在工业领域和服务领域获得更广泛的应用，甚至走向了千家万户，如扫地机器人、擦玻璃机器人等。

(6) 物联网。物联网又称为传感网，世界上的万事万物，小到手表、钥匙，大到汽车、楼房，只要嵌入一个微型感应芯片，就能把它变得智能化。嵌入式系统是物联网行业的关键技术，如果把物联网用人体做一个简单比喻，传感器相当于人的眼睛、鼻子、皮肤、耳朵等感应器官，网络就是神经系统用来传递信息，嵌入式系统则是人的大脑，对接收到的信息进行分类处理。

(7) 智能物流。随着电商爆发式的发展，物流行业也突发崛起。智能物流就是利用条形码、射频识别技术、传感器、全球定位系统等嵌入式技术，将信息处理和网络通信平台应用于运输、仓储、配送、包装、装卸等基本环节，实现货物运输过程的自动化运作和高效率优化管理，提高物流行业的服务水平，降低成本，减少自然资源和社会资源消耗。

嵌入式系统可以说无处不在，无所不在，有着广阔的发展前景，也充满了机遇和挑战。

2. 嵌入式系统的发展趋势

在应用领域、应用智能化、产品性能等强大需求的推动下，嵌入式产品获得了巨大的发展契机和广阔的发展、创新空间，未来嵌入式系统的发展趋势主要体现在以下几个方面：

(1) 完善的开发平台。嵌入式系统开发是一项系统工程，因此要求嵌入式系统厂商不仅要提供嵌入式系统软硬件本身，同时还需要提供强大的硬件开发工具和软件支持包。

(2) 精简系统内核、算法，降低功耗和软硬件成本。未来的嵌入式产品是软硬件紧密结合的设备，为了降低功耗和成本，需要设计者尽量精简系统内核，只保留和系统功能紧密相关的软硬件，设计者需不断改进算法和选用最佳的编程模型，以降低功耗和软硬件成本。

(3) 网络化、信息化的要求日益提高，使得以往单一功能的电话、冰箱、手机、微波炉等功能不再单一，结构更加复杂。这就要求芯片设计厂商在芯片上集成更多的功能，一方面采用更强大的嵌入式处理器如 32、64 位 RISC 芯片或数字信号处理器 DSP 增强处理能力，另一方面增加功能接口，如 USB、扩展总线类型等，加强对多媒体、图形等的处理。

(4) 网络互联成为必然趋势。未来的嵌入式设备为了适应网络发展的要求，必然要求硬件上提供各种网络通信接口，除了支持 TCP / IP 协议，还有的支持 IEEE1394、USB、CAN、Bluetooth 或 IrDA 通信接口中的一种或者几种，同时也需要提供相应的通信组网协议软件和物理层驱动软件。

(5) 可以提供更加友好的人机界面。清晰的信息表达、友好的用户界面，增加了用户对嵌入式设备的亲密感。软硬件技术的进步推动了所控制系统的复杂性和精确性的提高，也推动了人机界面的不断发展。

(6) 嵌入式系统与无线网、物联网、移动计算、人工智能、数据融合、分布式数据存储等技术的结合，将开发出各种更具人性化、智能化的嵌入式应用系统，如车联网、智能家居、智慧城市、智能医疗等。

1.2 嵌入式系统结构

1.2.1 嵌入式系统构架

嵌入式系统通常由嵌入式微处理器和外围电路、外围设备、嵌入式操作系统和应用软件等几大部分组成，如图 1-2 所示。

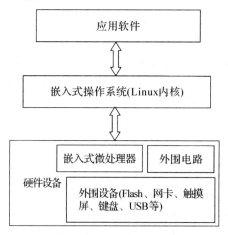

图 1-2 嵌入式系统体系结构

1. 嵌入式微处理器

嵌入式微处理器是嵌入式系统的核心部件。嵌入式微处理器与通用处理器的最大区别在于其专用性，它通常把通用计算机中许多由板卡完成的任务集成在芯片内部，从而有利于嵌入式系统设计趋于小型化，并具有高效率、高可靠性等特征，以满足嵌入式系统体积小、功耗低、应用灵活的要求。嵌入式微处理器通常包括处理器内核、地址总线、数据总线、控制总线、片上 I/O 接口电路等几个部分。

2. 外围电路

外围电路的功能是和微处理器一起组成一个最小系统，外围电路包括嵌入式系统的内存、接口电路、复位电路、时钟电路和电源等，外部设备通过接口电路与微处理器进行通信。

3. 外围设备

外部设备是指在一个嵌入式系统中，除了嵌入式处理器以外用于完成存储、通信、调试、显示等辅助功能的其他部件，包括 USB(通用串行总线)、UART(通用异步收发器)、RS232、Ethernet(以太网)、扩展存储(如 Flash Card)、键盘、鼠标、LCD(液晶显示)、触摸屏等，它们是嵌入式系统与外界交互的接口。

4. 嵌入式操作系统

在大型嵌入式应用系统中，为了使嵌入式开发更方便、快捷，需要具备一种稳定、安全的软件模块集合，用以管理存储器分配、中断处理、任务间通信和定时器响应，以及提供多任务处理等，这就是嵌入式操作系统。嵌入式操作系统的引入大大提高了嵌入式系统的功能，方便了应用软件的设计，但同时占用了宝贵的嵌入式系统资源。一般在比较大型或需要多任务的应用场合才考虑使用嵌入式系统。

5. 应用软件

嵌入式系统的应用软件是针对特定的应用领域，基于相应的嵌入式硬件平台，并能完成用户的预期任务的计算机软件。用户的任务可能有时间和精度的要求。有些应用软件需要嵌入式操作系统的支持，但在简单的场合下不需要操作系统。由于嵌入式应用软件对成本十分敏感，因此，为减少系统成本，除了精简每个硬件单元的成本外，应尽可能地减少应用软件的资源消耗，尽可能做到优化。

1.2.2　嵌入式微处理器

目前嵌入式系统除了部分为 32 位处理器外，大量存在的是 8 位和 16 位的嵌入式微控制器(MCU)，嵌入式处理器可以分成下面几类。

1. 嵌入式微处理器

嵌入式微处理器(Embedded MicroprocessorUnit, EMPU)的基础是通用计算机中的CPU。在应用中，将微处理器装配在专门设计的电路板上，只保留和嵌入式应用有关的功能硬件，去除冗余，这样就可以以最低的功耗和资源实现嵌入式应用的特殊要求。为了满足嵌入式应用的特殊要求，嵌入式微处理器虽然在功能上和标准微处理器基本一样，但在工作温度、抗电磁干扰、可靠性等方面都做了各种增强。主要的嵌入式微处理器产品包括ARM、MIPS、POWER PC 等。

2. 嵌入式微控制器

嵌入式微控制器(Microcontroller Unit , MCU)又称单片机。嵌入式微控制器一般以某一种微处理器内核为核心，芯片内部集成 ROM/EPROM、RAM、总线、总线逻辑、定时计数器、WatchDog、I/O、串行口(可能还包括显示驱动电路、脉宽调制电路、模拟多路转换器、A/D 转换器等电路)等各种必要功能和外设。为适应不同的应用需求，一般一个系列的单片机具有多种衍生产品，每种衍生产品的处理器内核都是一样的，不同的是存储器和外设的配置及封装，这样可以使单片机最大限度地和应用需求相匹配，从而减少功耗和成本。

和嵌入式微处理器相比，微控制器的最大特点是单片化，体积大大减小。

3. 嵌入式 DSP 处理器

嵌入式 DSP 处理器(Embedded Digital SignalProcessor，EDSP)是专门用于数字信号处理方面的处理器，它对系统结构和指令进行了特殊设计，以适合于执行 DSP 算法，编译效率较高，指令执行速度也较快。在数字滤波、谱分析等各种仪器上嵌入式 DSP 获得了大规模的应用。

4. 嵌入式片上系统

随着 EDI 的推广、VLSI 设计的普及化以及半导体工艺的迅速发展，在一个硅片上实现一个更为复杂的系统已经实现，这就是嵌入式片上系统(System On Chip，SOC)。各种通用处理器内核将作为 SOC 设计的标准库，用户只需定义出其整个应用系统，仿真通过后就可以将设计图交给半导体工厂制作样品。这样除个别无法集成的器件以外，整个嵌入式系统的大部分功能硬件均可集成到一块或几块芯片中，使得应用系统电路板变得更简洁，有利于减小系统体积和功耗，提高可靠性。

1.2.3 嵌入式操作系统

在嵌入式系统的早期，嵌入式软件开发是针对微控制器直接编程的，没有操作系统的支持。随着嵌入式系统的发展，复杂的嵌入式应用中使用了嵌入式操作系统。目前，嵌入式系统有一部分有操作系统，还有一部分没有操作系统。例如，大部分交换机、路由器、手机、数码相机、PDA 等系统内部都有嵌入式操作系统；又如，大部分 U 盘、IC 卡读写器、血糖仪数据采集等系统就没有使用操作系统。那么什么是嵌入式操作系统？它是如何分类的？主要应用领域是什么呢？

1. 什么是嵌入式操作系统

所有可用于嵌入式系统的操作系统(OS)都可以称为嵌入式操作系统，既然它是一个 OS，那就必须具备 OS 最基本的功能：进程调度、内存管理、设备管理、文件管理和操作系统接口(API 调用)。嵌入式操作系统通常还包括与硬件相关的底层驱动软件、系统内核、设备驱动接口、通信协议、图形界面、标准化浏览器等。嵌入式操作系统能够有效管理越来越复杂的系统资源；能够把硬件虚拟化，使得开发人员从繁忙的驱动程序移植和维护中解脱出来；能够提供库函数、驱动程序、工具集以及应用程序。与通用操作系统相比较，嵌入式操作系统在系统实时高效性、硬件的相关依赖性、软件固态化以及应用的专用性以及可靠性、可扩展性、可裁剪、可配置等方面具有较为突出的特点。

2. 嵌入式 OS 的分类

对于通用 OS，我们可以按照应用分成桌面 OS 和服务器 OS 两种版本，对嵌入式 OS 分类却是一件很困难的事情。因为嵌入式系统没有一个标准的平台。从特性看嵌入式 OS 可分为硬实时和软实时；从商业模式看其可分为开源和闭源(私有)；从应用角度看其可分为通用的嵌入式 OS 和专用的嵌入式 OS；按收费模式嵌入式 OS 又可划分为商用型 OS 和免费型 OS，商用型功能稳定、可靠，有完善的技术支持和售后服务，但往往价格昂贵，免费型实时性和稳定性不能得到保障，但是免费的适合学校和科研人员使用。比如 VxWork

就是硬实时、私有、专用的和商用型 OS，而嵌入式 Linux 就是软实时、开源、通用的和免费的 OS。硬实时的嵌入式 OS 一般称为 RTOS(实时操作系统)。以下是常用的嵌入式操作系统。

1) VxWorks

VxWorks 是美国 WindRiver 公司(风河公司)于 1983 年开发的一种 32 位嵌入式实时操作系统(RTOS)。VxWorks 具有高性能的内核、卓越的实时性、良好的可靠性以及友好的用户开发环境，被广泛地应用在通信、军事、航空、航天等高精尖技术领域。

2) WinCE

WinCE 是美国微软公司 90 年代中期开发的一款嵌入式操作系统，WinCE 3.0 之前是软实时系统，WinCE 4.0 之后变为硬实时系统，主要应用于掌上设备，如 PDA 等。它是一个开放的、可升级的 32 位嵌入式操作系统，是基于掌上型电脑类的电子设备操作系统，是微软公司嵌入式、移动计算平台的基础。

3) μC/OS-II

μC/OS 是由美国人 Jean J. Labrosse 于 1992 年开发的，来源于术语 MicroController Operating System(微控制器操作系统)，μC/OS-II 是第 2 个版本。μC/OS-II 结构小巧，最小内核可编译至 2k，即使包含全部功能(如信号量、消息邮箱、消息队列及相关函数等)，编译后的内核也仅有 6～10 kB。μC/OS-II 也是一个可裁剪、源码开放、抢占式的实时多任务内核，主要面向中小型嵌入式系统，具有执行效率高、占用空间小、可移植性强、稳定性和实时性优良和可扩展性强等特点，被广泛应用于便携式电话、运动控制卡、自动支付终端、交换机等产品。内核在任何时候都是运行就绪状态下最高优先级的任务。

4) 嵌入式 Linux

Linux 是由芬兰赫尔辛基大学的学生 Linus Torvalds 于 1991 年开发的。后来，Linus Torvalds 将 Linux 源代码发布在网上，很快引起了许多软件开发人员的兴趣，来自世界各地的许多软件开发人员自愿通过 Internet 加入了 Linux 内核的开发。由于一批高水平软件开发人员的加入，使得 Linux 得到了迅猛发展。

嵌入式 Linux(Embedded Linux)是指对 Linux 经过小型化裁剪后，能够固化在容量为几百 kB 到几十 MB 的存储芯片中，应用于特定嵌入式系统的专业 Linux 操作系统。嵌入式 Linux 是一款自由软件，具有良好的网络功能，被广泛应用于移动电话、个人数字助理 (PDA)、媒体播放器、消费性电子产品、工业控制以及航空航天等领域。

5) Android

Android 是一种以 Linux 为基础的开放源代码操作系统，目前尚未有统一的中文名称，中国大陆地区较多人使用"安卓"或"安致"。它主要用于移动设备，由 Google 公司和开放手机联盟开发。

2011 年第一季度，Android 在全球的市场份额首次超过 Symbian(塞班)系统，跃居全球第一。2012 年 7 月的数据显示，Android 占据全球智能手机操作系统市场 59%的份额，中国市场占有率为 76.7%。截至 2016 年 4 月底，Android 在欧洲五个最大市场(英国、德国、法国、意大利和西班牙)的智能手机销量市场份额为 76%，与上一年同期的 70.2%相比增长了 5.8 个百分点。在中国城市地区，Android 该期间内的市场份额为 78.8%，高于一年前的 74%。

6) IOS

IOS 是由苹果公司开发的移动操作系统，苹果公司最早于 2007 年 1 月 9 日的 Macworld 大会上公布这个系统，最初是设计给 iPhone 使用的，后来陆续套用到 iPod touch、iPad 以及 Apple TV 等产品上。IOS 与苹果的 Mac OS X 操作系统一样，属于类 Unix 的商业操作系统。原本这个系统名为 iPhone OS，但因为 iPad、iPhone、iPod touch 都使用 iPhone OS，所以在 2010 年的 WWDC 大会上宣布改名为 IOS(IOS 为美国 Cisco 公司网络设备操作系统注册商标，苹果改名已获得 Cisco 公司的授权)。

3. 嵌入式 OS 的应用

可以说哪里有嵌入式的应用，哪里就有嵌入式 OS 的踪影。今天的嵌入式应用已经无处不在，嵌入式 OS 更是随处可见，但是必须强调，嵌入式 OS 对于系统的处理器和其他资源均有一定要求和占有，商业嵌入式 OS 要收取一定的开发和使用费用，即使是开源的嵌入式 OS，在开发中或许也要向商业公司缴纳技术服务费用，这些将导致最终的电子产品成本的增加 ，因此并不是所有的嵌入式应用都需要使用 OS。哪些应用适合也必须使用嵌入式 OS 呢？以下是市场上一些热点应用：

(1) 无线通信产品：比如手机、基站和无线交换机等无线通信设备大量使用嵌入式 OS 和中间件(通信协议等)。

(2) 网络产品：比如路由器、交换机、接入设备和信息安全产品等大量使用 RTOS 和开源的 Linux OS。

(3) 智能家电：比如智能电视、IP 机顶盒、互联网冰箱等产品大量使用包括 Android 在内的嵌入式 OS。

(4) 航空航天和军事装备：包括飞机、宇航器、舰船和武器装备等都在使用经过认证的 RTOS，这个领域也是嵌入式 OS 最早开发的市场之一。

(5) 汽车电子：现代汽车和运输工具大量使用 MCU 技术，正在从采用私有的 RTOS 转向标准和开放的 RTOS 和通用的嵌入式 OS 技术。随着智能交通和车联网发展，汽车电子将给嵌入式 OS 发展带来一个新的春天。

(6) 物联网产业和技术：物联网和云计算是 IT 产业技术发展的两大推手。其中物联网技术和产业的发展对嵌入式系统和嵌入式 OS 的影响更大，需要嵌入式 OS 支持更加优秀的低功耗和无线网络技术，随着产业的发展和成熟，需求会越来越大。

1.3 嵌入式系统开发方法

1.3.1 嵌入式系统开发概述

嵌入式系统开发的最大特点就是需要软硬件综合开发，其原因在于：一方面，任何一个嵌入式产品都是软件和硬件的结合体；另一方面，一旦嵌入式产品研发完成，软件就固化在硬件环境中。嵌入式软件是针对相应的嵌入式硬件开发的，是专用的，嵌入式系统的这一特点决定了嵌入式应用开发方法不同于传统的软件工程方法。图 1-3 所示为嵌入式系统开发的一般流程，主要包括系统需求分析、系统体系结构设计、软硬件协同设计、机械系统设计、系统集成和系统测试，最终得到产品。

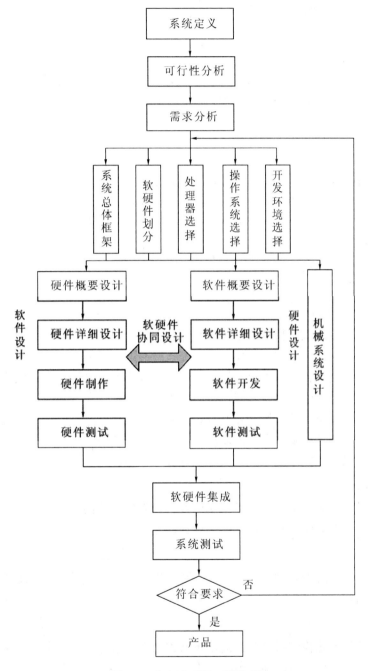

图 1-3 嵌入式系统开发流程

1. 系统需求分析

系统需求分析需要对用户提出的问题进行识别，然后提炼出功能需求、性能需求、环境需求、可靠性需求、安全需求、用户界面需求、资源使用需求、输入输出方式、操作方式、软硬件成本、功耗要求、体积重量要求及开发进度要求等，最后确定设计任务和设计目标，并提炼出设计规格说明书，作为正式设计指导和验收的标准。

2. 系统体系结构设计

规格说明书通常只描述系统需要做什么，而不描述系统应该怎么做。系统体系结构设计给出嵌入式系统的总体架构，描述系统如何实现所述的功能和非功能需求，包括对硬件、软件和执行装置的功能划分，以及系统的软件、硬件选型；选定处理器和接口器件；根据系统的复杂程度确定是否使用操作系统，以及选择哪种操作系统；此外，还需要选择系统的开发环境。

在系统总体设计中，由于嵌入式系统与硬件依赖非常紧密，往往某些需求只能通过特定的硬件才能实现。硬件一般能够提供更好的性能，而软件更容易开发和修改，成本相对较低。由于硬件模块的可配置性、可编程性以及某些软件功能的硬件化、固件化，有些功能既能用软件实现，又能用硬件实现，软硬件的界限已经不是十分明显。此外在进行软硬件功能分配时，既要考虑市场可以提供的资源状况，又要考虑系统成本、开发时间等诸多因素，因此，软硬件的功能划分是系统总体中一个重要的环节。另外，操作系统和开发工具的选择对于嵌入式系统的开发也非常重要，比如，对开发成本和进度限制较大的产品可以选择嵌入式 Linux，对实时性要求非常高的产品可以选择 Vxworks 等。

3. 软硬件协同设计

嵌入式系统开发最大的特点是软件、硬件的综合开发，这是因为嵌入式产品是软硬件的结合体，软件针对硬件开发、固化。为了缩短产品的开发周期，系统的软件、硬件设计往往是并行的，通过综合分析系统软硬件功能及现有资源，将最大限度地挖掘系统软硬件之间的并发性，协同软硬件设计。与传统的嵌入式系统设计方法不同，软硬件协同设计强调软件和硬件设计开发的并行性和相互反馈，克服了传统方法中把软件和硬件分开设计所带来的弊端，协调软件和硬件之间的制约关系，达到系统高效工作的目的。总之，软硬件协同设计提高了设计抽象的层次，拓展了设计覆盖的范围。

4. 机械系统设计

机械系统设计需要分析嵌入式系统所涉及机械系统部分的功能需求，包括控制方式、信号输出形式、传动系统、执行机构等的设计。

5. 系统集成

系统集成为把系统的软件、硬件和执行装置集成在一起进行调试，发现并改进软硬件设计过程中的错误。

6. 系统测试

系统测试的目的是检测系统是否满足规格说明书中给定的功能要求，并尽可能找到软硬件设计中的错误，以减少风险、节约成本、提高性能。

测试分为黑盒测试(功能测试)和白盒测试(覆盖测试)，黑盒测试是把测试对象看做一个黑盒子，完全不考虑程序内部的逻辑结构和内部特性，只依据程序的规格说明书检查程序的功能是否正确。黑盒测试又分为压力测试、边界测试、异常测试、错误测试、随机测试、性能测试等。白盒测试是把测试对象看做一个透明的盒子，测试人员从其逻辑结构入手，设计和选择测试用例，对路径、控制结构、数据流等进行测试。白盒测试又分为语句测试、判定、分支测试和条件覆盖。

1.3.2　嵌入式系统开发模式

嵌入式系统开发采用"PC 机上软件开发"，然后移植到"嵌入式实验/测试平台"或"最终嵌入式产品"的方式，如图 1-4 所示。

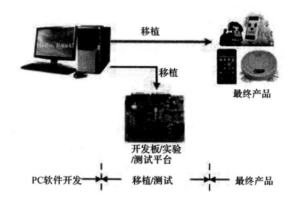

图 1-4　嵌入式系统开发模式

嵌入式系统开发中，宿主机和目标机的处理器一般都不相同，如宿主机为 Intel 或 AMD 处理器，而目标机可以为 Samsung S3C2410、S3C2440、6410 等处理器，本书选用 S3C2410 和 S5PV210 作为目标机处理器。因此，在进行嵌入式系统应用开发前需要一台 PC 机作为宿主机，宿主机在硬件上需具备标准串口、并口和网口；宿主机软件上需安装指定操作系统和交叉编译环境，对于基于嵌入式 Linux 的应用开发，宿主机上的操作系统一般选择 Redhat Linux、Fedora、Ubuntu 等 Linux 版本，本书选用 Fedora 作为宿主机操作系统。目标机选用基于 ARM 处理器的实验箱或开发板，硬件上需具备串行接口、JTAG 接口、网口等，软件包括 Bootloader、Linux 内核以及根文件系统映像，软件的更新通常使用串口或网口，最初的 Bootloader 烧写是通过并口进行的。

1.3.3　嵌入式 Linux 系统开发流程

Linux 本身具有一整套工具链，可以较容易地建立嵌入式系统开发环境和交叉编译及运行环境。本书选用嵌入式 Linux 作为操作系统平台，应用系统开发一般过程如下：

(1) 建立宿主机开发环境。首先安装宿主机操作系统，选择定制安装或全部安装；然后安装产品厂家提供的交叉编译器(如 arm-linux-gcc、armv41-unknown-linux-gcc)或通过网络下载相应的 GCC 交叉编译器进行安装。

(2) 连接宿主机与目标机。宿主机与开发板/实验箱之间采用串口线、网线连接，如果需要烧写系统，还需要连接并口线。配置超级终端，在 Linux 下使用 Minicom。Minicom 是一个串口通信工具，在嵌入式开发中，将 Linux 主机和开发板/实验箱通过串口相连接，然后启动并配置 Minicom，将 Minicom 作为开发板/实验箱的信息输出窗口和键盘输入工具。这样可以直接在 PC 机上通过 Minicom 登录到开发板上，对开发板进行操作。

(3) 建立引导程序 Bootloader。从网络上下载一些公开源代码的 Bootloader，如 UBoot、Blob、ViVi、ARMBoot、RedBoot 等，根据具体芯片进行移植修改。

(4) Linux 操作系统移植。下载已经移植好的 Linux 操作系统，如 MCLinux、ARM-Linux、PPC-Linux 等，如果有专门针对所使用的 CPU 移植好的 Linux 操作系统最好，下载后再添加相应的硬件驱动程序即可，然后进行调试修改。对于带 MMU 的 CPU 可以使用模块方式调试驱动，而对于 MCLinux 这样的系统只能编译内核进行调试。

(5) 建立根文件系统。可以从 http://www.busy.box.net 上下载使用 Busy Box 软件进行功能裁减，产生一个最基本的根文件系统，再根据自己的应用需要添加其他的程序。由于默认的启动脚本一般都不符合应用需要，所以需要修改根文件系统中的启动脚本，它存放在 /etc 目录下，包括 /etc /init.d/rc.S、/etc /profile、/etc /.profile 等，具体情况会因系统的不同而不同。根文件系统在嵌入式系统中一般设为只读，需要使用 Mkcramfs、Genromfs 等工具产生烧写映像文件。

(6) 建立应用程序的 Flash 磁盘分区。一般使用 JFFS2 或 YAFFS 文件系统，这需要在内核中提供这些文件系统的驱动，有的系统使用一个线性 Flash(Nor 型)512～32 MB，有的系统使用非线性 Flash(Nand 型)8～512 MB，有的两个同时使用，需要根据应用规划 Flash 的分区方案。

(7) 开发应用程序可以放入根文件系统中，也可以放入 YAFFS、JFFS2 文件系统中，有的应用不使用根文件系统，直接将应用程序和内核设计在一起，这有点类似于 μC/OS-II 的方式。

(8) 烧写内核、根文件系统和应用程序，发布产品。

由于本书主要讨论基于 ARM-Linux 的嵌入式系统的应用开发，因此对硬件设计不做详细讲解。

1.3.4 实例：汽车 GPS 导航系统设计

1. 需求分析(用户)

1) 系统功能

(1) 定位和导航功能。系统能根据用户输入的目的地设计最佳路径并在地图上显示汽车现在的位置、行车速度、目的地的距离、规划的路线提示以及路口转向提示。假如用户因为不小心错过路口，没有走车载 GPS 导航系统推荐的最佳线路，车辆位置偏离最佳线路轨迹 200 米以上，车载 GPS 导航系统会根据车辆所处的新位置重新为用户设计一条回到主航线的路线，或者为用户设计一条从新位置到终点的最佳线路。

(2) 语音导航功能。能够提供全程语音提示，驾车者无需观察导航操作界面就能实现全程语音导航，安全到达目的地，使得行车更加安全舒适。当车辆遇到路口转向、转弯时，语音导航功能将提前向驾驶者提供语音提示，避免车主走弯路。

(3) 测速功能。通过 GPS 对卫星信号进行接收计算，配合加速度传感器测算出行驶的精确速度。

(4) 显示航迹和位置记录功能。具有航迹记录功能，可以记录下用户车辆行驶经过的路线，它具有小于 10 米的精度，甚至能显示两个车道的区别。返回时，用户可以启动返程功能，它会领着你顺着来时的路线顺利回家。

2) 用户界面

用户界面为 8 英寸触摸屏，手写输入。

3) 性能

定位精度应小于 50 m(2DRMS 量度)；位置更新率应小于 2 s 即每两秒能产生、显示并输出一次新的车辆位置。

4) 成本

单个设备零售价不高于 600 元(产品成本一般为零售价的 1/5 到 1/10)。

5) 功耗

本系统功耗小于 100 mW。

2. 规格说明

1) 工作框图

导航系统工作框图如图 1-5 所示。导航系统从 GPS 接收模块得到经过计算确定的当前点经纬度，通过与地图数据库中的电子地图数据进行比对，就可以随时确定车辆当前所在的位置。用户通过触摸屏输入目的地名称，导航系统根据地图数据库中的地图信息自动计算一条最合适的推荐路线，显示在 LCD 屏幕上。

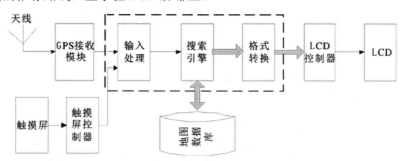

图 1-5　GPS 导航系统工作框图

2) 数据流程图

数据流程图如图 1-6 所示。GPS 导航系统的输入设备是触摸屏，出发前，用户通过手写文字在导航系统界面输入目的地名称，或者在系统显示的电子地图中直接选取地点，导

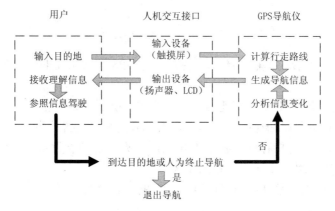

图 1-6　GPS 导航系统数据流程图

航系统将当前位置默认为出发点，接着从 GPS 接收机得到经过计算确定的当前点经纬度，通过与电子地图数据的对比，确定车辆当前所在的位置，然后根据电子地图上存储的地图信息，计算出一条最合适的行走路线并生成导航信息，最后以在地图上标注的方式显示在导航系统界面上，以供用户行车参考。如果车辆行驶偏离了导航系统推荐的路线，系统会自动分析信息变化，删除原有路线并以汽车当前点为出发点重新计算路线。

汽车导航系统的输出设备包括 LCD 显示屏幕和语音输出设备。LCD 显示屏的主要显示内容包括可变比例的地图(包括道路名称、重要地点名称等)、车辆当前位置、推荐路线等，根据用户设定还可以显示附近的加油站、维修站、停车场、酒店、机场、医院等名称和地理位置信息，方便用户需求。语音输出设备提供全程语音导航提示，驾驶员可以全神贯注驾驶而不必查看导航界面。

3. 处理器和软件开发环境选择

(1) 处理器：S3C2410 ARM9 处理器。

(2) 软件环境：嵌入式 Linux + QT + SQlite 数据库。

4. 系统设计

1) 硬件设计

目前的车载 GPS 系统终端通常由 GPS 模块、语音控制模块、输入及显示模块和通信接口等组成，如图 1-7 所示。

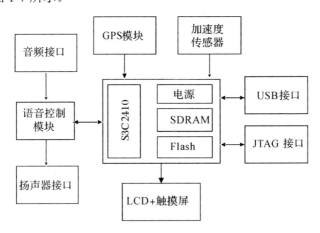

图 1-7　GPS 导航系统硬件框图

(1) GPS 模块：安装到车辆上的小型装置，是 GPS 车载单元的一部分，用来接收卫星所传递的信息。

(2) 加速度传感器：GPS 在有遮蔽场所如室内、隧道、地下室等特殊区域内时无法接收 GPS 信号，这时可利用加速度传感器获取人员方向和速度等信息。

(3) USB 接口：可外接存储设备、车载 MP3、充电等功能设备。

(4) JTAG 接口：用于硬件调试和系统烧写。

(5) 语音控制模块：通过音频接口接收用户的语音信号，然后通过扬声器接口进行语音播报，实现语音导航。

(6) LCD + 触摸屏模块：用户通过触摸屏输入目的地等信息，LCD 在地图上显示路径信息。

2) 软件设计

(1) 数据结构。

GPS 接收模块周期性地发出异步串行数据帧，以 RS232C 为传输标准。

数据帧由帧头、帧内数据和帧尾组成，帧头有 $GPGGA、$GPGSA、$GPGSV、$GPRMC 等几种格式，帧头标识了后续帧内数据的组成结构；帧尾包括回车符和换行符；帧内数据有我们所关心的定位数据如经纬度、速度、时间等可以从 $GPGGA 帧中获取。

(2) 软件流程。

导航系统软件流程(如图 1-8 所示)主要包括以下 6 个模块：

① GPS 定位模块实时地从通信端口读取数据，然后进行分析处理，得到可以进行地图匹配的经纬度数据并将其传给地图匹配模块。

② 地图匹配模块根据导航定位模块输入的经纬度在导航数据库中进行匹配。

③ 路径规划模块主要是根据用户指定的出发地和目的地在导航数据库中的道路网络中规划出一条最佳路径。

④ 导航引导模块将地图匹配的结果和规划好的路径结合导航地图数据库的数据以地图的方式显示出来，这样就可以直观、方便地引导用户行驶。

⑤ 地图浏览模块主要是在显示浏览界面中实现对地图的缩放、平移等基本浏览操作。

⑥ 地图查询模块主要是根据用户的要求在导航地图数据库中进行查询操作并通过浏览界面显示出来。

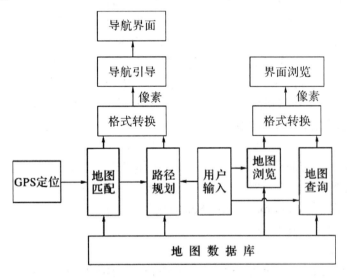

图 1-8　GPS 导航系统软件流程

1.4　基于 ARM9 的硬件开发平台

1.4.1　ARM 处理器简介

1. ARM 的概念

ARM 是 Advanced RISC Machines 的简写。RISC 是精简指令集(Reduced Instruction

Set Computer)。在传统 CISC(Complex Instruction Set Computer)指令集中的各种指令，使用频率相差悬殊，大约有 20% 的指令被反复使用，占整个程序代码的 80%，而余下的 80% 的指令却不经常使用，在程序设计中只占 20%。RISC 结构优先选取使用频率最高的简单指令，避免复杂指令；将指令长度固定，指令格式和寻址方式种类减少，以控制逻辑为主。

ARM 既可以认为是一个公司的名字，也可以认为是对一类微处理器的通称，还可以认为是一种技术的名字。1990 年 ARM 公司成立于英国剑桥，它是一家专门从事 16/32 位 RISC 微处理器知识产权设计的供应商。ARM 公司不生产芯片，而是采取出售芯片 IP 核授权的方式扩大其影响力。世界各大半导体生产厂商从 ARM 公司购买 ARM 核，然后根据各自不同的需要，针对不同的应用领域添加适当的外围电路，从而生产出自己的 ARM 微处理器芯片。ARM 公司提供基于 ARM 架构的开发设计技术软件工具、评估板、调试工具、应用软件、总线架构和外围设备单元等。

1991 年，ARM 公司推出第一个嵌入式 RISC 核——ARM6 系列。不久后，VLSI 公司率先获得授权，随后，夏普、德州仪器、Cirrus Logic 等公司也都同 ARM 公司签订了授权协议，从此 ARM 的知识产权产品和授权用户都急剧扩大，到 2001 年就几乎已经垄断了全球的 RISC 芯片市场，成为业界实际的 RISC 芯片标准。至今，ARM 微处理器及技术的应用几乎已经深入到各个领域，采用 ARM 技术的微处理器现在已经遍及各类电子产品、汽车、消费娱乐、影像、工业控制、海量存储、网络、通信系统、安保和无线等市场。

2016 年 6 月，ARM 公布了其最新高端移动处理器架构 A73 以及最新的图形处理器 GPU G71。Cortex-A73 和 Mali-G71 将应用于 2017 年推出的旗舰移动设备，重新定义虚拟现实(VR)与增强现实(AR)体验。ARM 宣称 A73 是迄今为止最小巧最高效的 ARMv8-A 64 位大核心，在采用 10 nm FinFET 工艺下面积还不到 0.65 平方毫米。单个处理器内可以集成最多四个 A73，同时可以搭配 A53/A35 混合架构，构成 ARM 的经典 big.LITTLE 架构。Mali-G71 图形处理器授权合作伙伴包括华为半导体、联发科技官方微博、三星电子等领先芯片供货商。

ARM 的成功，一方面得益于它独特的公司运作模式，另一方面当然来自于 ARM 处理器自身的优良性能。我国的中兴集成电路、大唐电信、中芯国际和上海华虹，以及国外的德州仪器、意法半导体、Philips、Intel、Samsung 等都推出了自己设计的基于 ARM 核的处理器。ARM 处理器有如下特点：

(1) 体积小、低功耗、低成本、高性能。

(2) 支持 ARM(32 位)/Thumb(16 位)/Thumb2(16/32 位混合)指令集，能很好地兼容 8 位/16 位器件。

(3) 大量使用寄存器，指令执行速度更快。

(4) 大多数数据操作都在寄存器中完成。

(5) 寻址方式灵活简单，执行效率高。

(6) 指令长度固定。

2. ARM 设计思想

对嵌入式系统的应用项目来说，系统的关键并不单纯在于微处理器的速度，而在于系统性能、功耗和成本。为降低功耗，ARM 处理器已被特殊设计成较小的核、较高的代码密度。ARM 内核不是一个纯粹的 RISC 体系结构，这是为了使它能够更好地适应其主要应用领域——嵌入式系统。在某种意义上，甚至可以认为 ARM 内核的成功，正是因为它没有在 RISC 概念上沉入太深。

3. ARM 与单片机的区别

ARM 和单片机应用领域的侧重点不同，单片机主要用于工业控制、测试测量等较为简单的控制，使用比较简单，价格低廉。ARM 主要用于消费类电子等方面，可以运行操作系统，实现较为复杂的控制。通常 ARM 带有丰富的外设接口，比如串口、USB、网口、LCD 控制器等。具体从软件和硬件两个方面来区别：

(1) 软件方面。

① 方便。主要体现在后期的开发，即在操作系统上直接开发应用程序，不像单片机一样一切都要重新写。前期的操作系统移植工作还是要专业人士来做。

② 安全。例如 Linux 操作系统。Linux 操作系统的内核与用户空间的内存管理分开，不会因为用户的单个程序错误而引起系统死掉，这在单片机的软件开发中没见到过。

③ 高效。引入进程的管理调度系统使系统运行更加高效。在传统的单片机开发中大多是基于中断的前后台技术，对多任务的管理有局限性。

(2) 硬件方面。

ARM 芯片大多把 SDRAM、LCD 等控制器集成到芯片当中。在 8 位单片机中，大多要外扩。引入嵌入式操作系统之后，可以实现许多单片机系统不能完成的功能，比如嵌入式 Web 服务器、Java 虚拟机等。也就是说，有很多免费的资源可以利用。

4) ARM 处理器的应用

ARM 系列处理器主要应用于下面一些场合：

(1) 个人音频设备(MP3 播放器、WMA 播放器、AAC 播放器)；

(2) 无线设备，包括视频电话、互联网设备和 PDA 等；

(3) 数字消费品，包括机顶盒、家庭网关、MP3 播放器和 MPEG4 播放器；

(4) 成像设备，包括打印机、数码照相机和数码摄像机；

(5) 工业控制，包括电机控制、马达控制等；

(6) 汽车、通信和信息系统的 ABS 和车体控制；

(7) 网络设备，包括 VoIP、WirelessLAN 和 xDSL 等。

(8) 安全产品及应用系统，包括电子商务、电子银行业务、网络、移动媒体和认证系统等。

除此以外，ARM 微处理器及技术还应用到了许多其他领域，其应用范围还会不断扩展。

1.4.2 ARM 微处理器核的体系结构

ARM 体系结构的基本版本命名规则如下：

ARM{x}{y}{z}{T}{D}{M}{I}{E}{J}{F}{-S}

大括号内的字母是可选的，各个字母的含义如下：

x ——系列号，例如 ARM7 中的"7"、ARM9 中的"9"；

y ——内部存储管理/保护单元，例如 ARM72 中的"2"、ARM94 中的"4"；

z ——内含有高速缓存 Cache；

T ——支持 16 位的 Thumb 指令集；

D ——支持 JTAG 片上调试；

M ——支持用于长乘法操作(64 位结果)的 ARM 指令，包含快速乘法器；

I ——带有嵌入式追踪宏单元 ETM(Embedded Trace Macro)，用来设置断点和观察点的调试硬件；

E ——增强型 DSP 指令(基于 TDMI)；

J ——含有 Java 加速器 Jazelle，与 Java 虚拟机相比，Java 加速器 Jazelle 使 Java 代码运行速度提高了 8 倍，功耗降低到原来的 80%；

F ——向量浮点单元；

S ——可综合版本，意味着处理器内核是以源代码形式提供的，这种源代码形式又可以被编译成一种易于 EDA 工具使用的形式。

例如，ARM7TMDI 是目前使用最广泛的 32 位嵌入式 RISC 处理器，属低端 ARM 处理器核。

为了清楚地表达每个 ARM 应用实例所使用的指令集，ARM 公司定义了 7 种主要的 ARM 指令集体系结构版本，以版本号 V1～V7 表示。

1．V1 结构

V1 版本地址空间是 26 位，寻址空间是 64 MB。该版架构只在原型机 ARM1 出现过，只有 26 位的寻址空间，没有用于商业产品。其基本性能有：基本的数据处理指令(无乘法)；基于字节、半字和字的 Load/Store 指令；转移指令，包括子程序调用及链接指令；供操作系统使用的软件中断指令 SWI；寻址空间为 64 MB。

2．V2 结构

对 V1 版本的指令结构进行了完善，比如增加了乘法指令并且支持协处理器指令。该版架构对 V1 版进行了扩展，例如 ARM2 和 ARM3(V2a)架构，版本 2a 是版本 2 的变种，ARM3 芯片采用了版本 2a。同样为 26 位寻址空间，现在已经废弃不再使用。

V2 版架构与版本 V1 相比，增加了以下功能：

(1) 乘法和乘加指令；

(2) 支持协处理器操作指令；

(3) 快速中断模式；

(4) SWP/SWPB 的最基本存储器与寄存器交换指令。

3．V3 结构

V3 版本的地址空间是 32 位，寻址空间是 4 GB；支持 16 位的 Thumb 指令。V3 版架构(目前已废弃)对 ARM 体系结构做了较大的改动：

(1) 寻址空间增至 32 位(4GB)；

(2) 当前程序状态信息从原来的 R15 寄存器移到当前程序状态寄存器 CPSR(Current

Program Status Register)中；

  (3) 增加了程序状态保存寄存器 SPSR(Saved Program Status Register)；

  (4) 增加了中止(Abort)和未定义 2 种处理器模式；

  (5) 增加了 MRS/MSR 指令，以访问新增的 CPSR/SPSR 寄存器；

  (6) 增加了从异常处理返回的指令功能。

4．V4 结构

  V4 结构增加了半字指令的读取和写入操作，增加了处理器的系统模式，ARM7 和 ARM9 属于这种结构。此结构不再为了与以前的版本兼容而支持 26 位体系结构，并明确了哪些指令会引起未定义指令异常发生。V4 版架构在 V3 版上作了进一步扩充，是目前应用最广的 ARM 体系结构，ARM7、ARM8、ARM9 和 StrongARM 都采用该结构。指令集中增加了以下功能：

  (1) 符号化和非符号化半字及符号化字节的存/取指令；

  (2) 增加了 16 位 Thumb 指令集；

  (3) 完善了软件中断 SWI 指令的功能；

  (4) 处理器系统模式引进特权方式时使用用户寄存器操作；

  (5) 把一些未使用的指令空间捕获为未定义指令。

5．V5 结构

  V5 结构提升了 ARM 和 Thumb 两种指令的交互能力，同时有了 DSP 指令(V5E 结构)、Java 指令(V5J 结构)，ARM9E、ARM10E 是这种结构。V5 版结构在 V4 版基础上增加了一些新的指令，ARM10 和 Xscale 都采用该版结构。

  V5 结构新增命令有：

  (1) 带有链接和交换的转移 BLX 指令；

  (2) 计数前导零 CLZ 指令；

  (3) BRK 中断指令；

  (4) 增加了数字信号处理指令(V5TE 版)；

  (5) 为协处理器增加更多可选择的指令；

  (6) 改进了 ARM/Thumb 状态之间的切换效率；

  (7) 增加了增强型 DSP 指令集，包括全部算法操作和 16 位乘法操作；

  (8) 支持新的 Java，提供字节代码执行的硬件和优化软件加速功能。

6．V6 结构

  V6 结构增加了媒体指令。V6 体系结构包含 ARM 体系结构中的所有的 4 种特殊指令集：Thumb 指令(T)、DSP 指令(E)、Java 指令(J)和 Media 指令。V6 版架构是 2001 年发布的，首先在 2002 年春季发布的 ARM11 处理器中使用。

  此架构在 V5 版基础上增加了以下功能：

  (1) THUMBTM：35%代码压缩；

  (2) DSP 扩充：高性能定点 DSP 功能；

  (3) JazelleTM：Java 性能优化，可提高 8 倍；

  (4) Media 扩充：音/视频性能优化，可提高 4 倍。

ARM 微处理器系列主要特点如表 1-3 所示。

表 1-3　ARM 微处理器系列

ARM 核	主 要 特 点
ARM7TDMI	<ul><li>使用 V4T 体系结构</li><li>最普通的低端 ARM 核</li><li>3 级流水线</li><li>冯·诺依曼体系结构</li><li>CPI 约为 1.9</li></ul>T 表示支持 Thumb 指令集(ARM 指令是 32 位的；Thumb 指令是 16 位的) DI 表示"EmbeddedICELogic"，支持 JTAG 调试 M 表示内嵌硬件乘法器 ARM720T 是具有 Cache、MMU(内存管理单元)和写缓冲的一种 ARM7TDMI
ARM9TDMI	<ul><li>使用 V4T 体系结构</li><li>5 级流水线：CPI 被提高到 1.5，提高了最高主频</li></ul><ul><li>哈佛体系结构：增加了存储器有效带宽(指令存储器接口和数据存储器接口)，实现了同时访问指令存储器和数据存储器的功能。</li><li>一般提供附带的 Cache：ARM922T 有 2×8 kB 的 Cache、MMU 和写缓冲；ARM920T 除了有 2×16 kB 的 Cache 之外，其他的与 ARM922T 相同；ARM940T 有一个 MPU(内存保护单元)</li></ul>
ARM9E	<ul><li>ARM9E 是在 ARM9TDMI 的基础上增加了一些功能：支持 V5TE 版本的体系结构，实现了单周期 32×16 乘法器和 EmbeddedICELogicRT</li><li>ARM926EJ-S/ARM946E-S：有可配置的指令和数据 Cache、指令和数据 TCM 接口以及 AHB 总线接口。ARM926EJ-S 有 MMU，ARM946E-S 有 MPU</li><li>ARM966E-S：有指令和数据 TCM 接口，没有 Cache、MPU/MMU</li></ul>
ARM11 系列	<ul><li>ARM1136JF-S：使用 ARMV6 体系结构，性能强大(8 级流水线，有静态/动态分支预测器和返回堆栈)，有低延迟中断模式，有 MMU，有支持物理标记的 4~64 k 指令和数据 Cache,有一些内嵌的可配置的 TCM,有 4 个主存端口(64 位存储器接口)，可以集成 VFP 协处理器(可选)</li><li>ARM1156T2(F)-S：有 MPU，支持 Thumb2ISA</li><li>ARM1176JZ(F)-S：在 ARM1136JF-S 基础上实现了 TrustZone 技术</li></ul>
Cortex 系列	<ul><li>Cortex-A8：使用 V7A 体系结构，支持 MMU、AXI、VFP 和 NEON</li><li>Cortex-R4：使用 V7R 体系结构，支持 MPU(可选)、AXI 和 DualIssue 技术</li><li>Cortex-M3：使用 V7M 体系结构，支持 MPU(可选)、AHBLite 和 APB</li></ul>

7. V7 结构

ARMV7 架构采用了 Thumb-2 技术。Thumb-2 技术是在 ARM 的 Thumb 代码压缩技术的基础上发展起来的，并且保持了对现存 ARM 解决方案的完整的代码兼容性。Thumb-2

技术比纯 32 位代码少使用 31% 的内存，减小了系统开销。同时能够提供比已有的基于 Thumb 技术的解决方案高出 38% 的性能。

ARMV7 架构还采用了 NEON 技术，将 DSP 和媒体处理能力提高了近 4 倍，并支持改良的浮点运算，满足下一代 3D 图形、游戏物理应用以及传统嵌入式控制应用的需求。

ARMV7 还支持改良的运行环境，迎合不断增加的 JIT(Just In Time)和 DAC(Dynamic Adaptive Compilation)技术的使用。另外，ARMV7 架构对于早期的 ARM 处理器软件也提供了很好的兼容性。

ARM Cortex 处理器系列都是基于 ARMV7 架构的产品；ARM Cortex-A 系列是针对日益增长的运行包括 Linux、Windows、CE 和 Symbian 操作系统在内的消费娱乐和无线产品设计的；ARM Cortex-R 系列针对的是需要运行实时操作系统来进行控制应用的系统，包括汽车电子、网络和影像系统；ARM Cortex-M 系列则面向微控制器领域，为那些对开发费用非常敏感同时对性能要求不断增加的嵌入式应用所设计的。

1.4.3　ARM 硬件开发平台

1. UP-NETARM2410 经典开发平台

UP-NETARM2410 是博创科技推出的嵌入式开发平台，如图 1-9 所示。该平台可以满足大部分 ARM9 嵌入式应用开发的教学要求，在一定程度上可与博创 PXA270 核心板兼容。

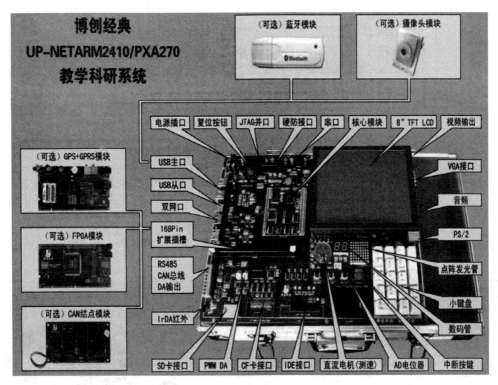

图 1-9　UP- NETARM2410 经典开发平台

经典开发平台资源如表 1-4 所示。

表 1-4 UP-NETARM2410 平台资源

处理器	基于 ARM9 架构的嵌入式芯片 S3C2410，主频 202 MHz
存储器	64 M SDRAM、64M Nand Flash，通过 280Pin 精密插座与主板连接。核心板上可以配置 2 M 或 4 M 容量的 Nor Flash AM29LV160/320，硬件支持从 Nor Flash 启动并可增加 Nand Flash 容量
外设及接口	• 8 寸 640×480 TFT 真彩 LCD • 触摸屏 • 4 个主 USB 口、1 个从 USB 口 • 1 个 UP-LINK 集成调试接口(并口)、20 针 JTAG 口 • 一个 100 M 网卡，预留一个 100 M 网卡 • 两个串口、1 个 RS485 串口 • 一个 VGA 接口
外设及接口	• CAN 总线接口 • 红外通信收发器 • 8 通道 10 位 AD 转换模块 • 10 位 DA 转换模块 • SD/MMC 接口 • IDE 硬盘接口 • CF 卡接口 • IC 卡接口 • 直流电机、带有红外线的测速电路 • 2 个用户自定义 LED 数码管、1 个 8×8 点阵发光管、3 个 LED 灯 • 17 键键盘、一个中断按键 • PS2 鼠标、键盘接口 • 高性能立体声音频模块，支持放音、录音 • 麦克风接入 • 一个 168Pin 的扩展插座，硬件可无限扩展 • 可提供配套的 GPRS/GPS、FPGA、CAN 单片机、USB2.0 等扩展模块
软件支持	• Linux、WinCE、μC/OS-II 操作系统移植 • Bootloader：ViVi • 操作系统：Linux 2.4.x • 驱动程序：所有板级设备的驱动程序

2. TINY210 开发板介绍

TINY210 是一款高性能的 Cortext-A8 核心板，它由广州友善之臂设计、生产和发行销售，外观如图 1-10 所示。它采用三星 S5PV210 作为主处理器，运行主频可高达 1 GHz。S5PV210 内部集成了 PowerVR SGX540 高性能图形引擎，支持 3D 图形流畅运行，并可流畅播放 1080P 大尺寸视频。

图 1-10 TINY210 开发板平台

　　TINY210 主要采用了 2.0 mm 间距的双排针，引出 CPU 大部分常用功能引脚(总共 180Pin)，接口和 TINY6410 核心板兼容(P1、P2、CON2 兼容，可共用同一个底板)；TINY210 板载 512 M DDR2 内存和 512 M 闪存(SLC)，并可选配 1 GB 闪存(SLC)。另外还根据 S5PV210 芯片的特性，分别引出了标准的 miniHDMI 接口和 1.0 mm 间距的贴片 CON1 座 (51Pin)，可流畅运行 Android、Linux 和 WinCE6 等高级操作系统。它非常适合开发高端物联网终端、广告多媒体终端、智能家居、高端监控系统、游戏机控制板等设备。

　　TINY210 开发板平台资源如表 1-5 所示。

表 1-5　TINY210 开发板平台资源

CPU 处理器	• Samsung S5PV210，基于 CortexTM-A8，运行主频为 1 GHz • 内置 PowerVR SGX540 高性能图形引擎 • 支持流畅的 2D/3D 图形加速 • 最高可支持 1080p@30fps 硬件解码视频流畅播放，格式可为 MPEG4、H.263、H.264 等 • 最高可支持 1080p@30fps 硬件编码(Mpeg-2/VC1)视频输入
DDR2 RAM	• Size: 512 MB • 32 bit 数据总线，单通道 • 运行频率：200 MHz • Flash 闪存 • SLC Nand Flash: 512 MB(标配)/1 GB(可选)
Flash 闪存	• SLC Nand Flash: 512 MB(标配)/1 GB(可选)
接口资源	• 2 × 60 针 2.0 mm space 双列直插式接口 • 1 × 30 针 2.0 mm space 双列直插式接口 • 1 × 7 针 2.0 mm space JTAG 接口
在板资源	• 4 个用户指示灯(绿色) • 1 个电源指示灯(红色) • 电源电压范围：2～6 V
PCB 规格尺寸	• 6 层高密度电路板，采用沉金工艺生产 • Size: 64 × 50 × 11(mm)
操作系统支持	Superboot-210 • Android 2.3 + Linux-2.6.35 • Android 4.0(基于 Linux-3.0.8 内核) • Linux-3.0.8 + Qt2/4.8.5 • WindowsCE 6.0 • Debian

习 题 1

1. 选择题

(1) 关于嵌入式系统的发展趋势，描述不正确的是( )。

A. 产品性能不断提高，功耗不断增加

B. 体积不断缩小

C. 网络化、智能化程度不断提高

D. 软件成为影响价格的主要因素

(2) 嵌入式操作系统很多，但( )不是。

A. Linux   B. Windows CE   C. VxWorks   D. Windows XP

(3) 下列( )不是嵌入式操作系统的特点。

A. 占有资源少   B. 低成本   C. 高可靠性   D. 交互性

(4) 下列( )不是嵌入式系统的基本要素。

A. 嵌入性   B. 专用性   C. 通用性   D. 计算机系统

(5) 下面( )不是嵌入式系统的特点。

A. 面向特定应用

B. 软件一般都固化在存储器芯片或单片机本身中，而不存储于磁盘中

C. 代码尤其要求高质量、高可靠性

D. 具备二次开发能力

(6) 下面( )为一般嵌入式系统开发中不具备的环节。

A. 系统总体开发   B. 数据库设计

C. 嵌入式硬件开发   D. 嵌入式软件开发

(7) 实际的嵌入式系统对实时性的要求各不相同，其中( )属硬实时应用。

A. 手机   B. 自动售货机   C. 汽车发动机/刹车控制   D. PDA

2. 填空题

(1) 嵌入式系统是以应用为中心，以_____为基础，软硬件可_____，适应应用系统对功能、可靠性、成本、体积、功耗严格要求的专用计算机系统。

(2) 嵌入式系统软件可分为_____、_____和_____等。

(3) 根据结构和功能特点不同，嵌入式处理器可分为_____、_____和_____3类。

(4) 嵌入式系统硬件可分为_____、_____和等3部分。

3. 简答题

(1) 什么是嵌入式系统？

(2) 简述嵌入式系统的体系结构。

(3) 嵌入式系统与通用计算机系统的区别是什么？

(4) 列举生活中的嵌入式系统。

(5) 简述 MCU 与 DSP 的区别。

实训项目一 组建开发平台

要开发嵌入式 Linux 应用系统，首先需要认识嵌入式 Linux 开发平台的构建，其主要包含以下内容。

任务 1 认识开发模型

实训目标

(1) 认识宿主机和目标机。

(2) 学会嵌入式系统开发模型的搭建。

实训内容

在嵌入式开发过程中，有宿主机和目标机之分：宿主机是执行编译、链接嵌入式软件的计算机；目标机是运行嵌入式软件的硬件平台。通常我们用的 PC 机就是宿主机，而我们用的开发板则是目标机。

嵌入式系统的软件使用交叉编译的方式，交叉编译是在一种处理器体系结构上，编译生成可以在另一种不同的处理器体系结构上可以运行的目标代码。系统软件和应用软件在宿主机上开发，在嵌入式硬件平台上运行。因此需要搭建如图 1-11 所示的开发模型。

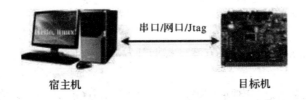

图 1-11 开发模型

思考：嵌入式 Linux 开发为什么要采用交叉编译的模式？

任务 2 开发板的选定

实训目标

学会选择嵌入式开发硬件平台。

实训内容

开发嵌入式 Linux 系统首先需要一块嵌入式系统开发板，常用以下三种方案。

1. 使用嵌入式系统实验箱

很多学校都购置了嵌入式系统实验箱，可以直接使用，例如博创公司的 UP-CUPS2410/

2440 实验箱。

2. 购置开发板

初始学习或者产品研发阶段可以通过选购一块能满足目标需求并有一定冗余的开发板。本书的部分实例将会在 TINY210 开发板或 UP-CUPS2410/2440 实验箱上完成，读者也可以根据需要选用其他型号的开发板，如飞凌 OK6410 开发板，其开发方法基本相同。

3. 自制电路板

如果开发实际产品或者对硬件熟悉，可以自己设计开发板，基本流程是：首先根据应用需求使用 Protel、Multisim 等软件设计出开发板原理图，然后绘制 PCB 印制板图和元件分布图，再交由印制板厂加工完成，一般遵从以下原则：

(1) 采用新型的和适合应用场合的 ARM 可极大地提高系统的程序执行效率，缩短系统反应时间，满足实时性要求。

(2) 采用低功耗贴片封装元器件可以有效地降低功耗，减小电路板面积，提高电路本身的抗干扰能力，从而提高系统的稳定性和可靠性。

(3) 采用通用型平台硬件电路设计可以根据需要增删部件而生产不同型号的产品。

(4) 在硬件电路设计中将富余的端口都做成插座形式的接口。

(5) 通过选择 CPU 芯片，将逻辑接口芯片尽量集成在片内可以简化系统设计。

任务 3　开发方案的确定

实训目标

了解嵌入式开发方案。

实训内容

开发嵌入式 Linux 系统有多重方案，根据开发者的知识背景、研究方向选择和搭建合适的体系结构。

(1) 以一台 PC 或笔记本电脑作为宿主机，硬盘 100 GB 以上，内存 1 GB 以上，安装 Windows 7/8/Windows XP 操作系统。

(2) 宿主机上安装 VMware 虚拟机，在虚拟机中安装 Fedora Linux/Ubuntu 或者 Red Hat Linux 操作系统。

(3) 在宿主机上安装交叉编译环境，用于生成目标机上的可执行代码。

(4) 在 Linux 虚拟机中配置 Samba 服务，用于 Windows 操作系统和 Linux 操作系统之间的文件共享(针对 Windows XP 用户)。

(5) 可以在 Linux 虚拟机中配置 NFS 服务，用于宿主机 Linux 和目标机 Linux 之间的文件共享。

(6) 如果是通过网络从宿主机下载到目标机上，则使用 TFTP 服务器，也可以通过 U 盘将可执行目标文件直接拷贝到目标机上运行。

第 2 章　嵌入式 Linux 程序开发基础

嵌入式系统应用程序开发前，首先要熟悉 Linux 操作系统的基本使用，掌握程序的编辑、编译和调试方法。通过本章的学习，应掌握以下内容：

(1) Linux 操作系统的安装。

(2) Linux 文件系统及目录结构。

(3) Linux 常用操作命令。

(4) GCC 编译器的使用。

(5) GDB 程序调试器的使用。

(6) makefile 文件的编写。

2.1　Linux 操作系统基础

2.1.1　Linux 操作系统的安装

嵌入式软件的开发是在交叉编译环境下进行的，需要在宿主机上(通常用 PC 机)建立一个 Linux 开发环境，因此必须在宿主机上安装 Linux 操作系统。在嵌入式开发中，Linux 的安装有三种方式：纯 Linux、双操作系统、基于虚拟机的安装。纯 Linux 的安装和 Windows 操作系统的安装一样，安装完后，硬盘中只有一个操作系统。双操作系统是指在硬盘中同时安装了 Linux 操作系统和 Windows 操作系统，开机时通过一个选项来选择启动 Linux 还是 Windows。在嵌入式软件开发中，开发者往往更青睐于基于虚拟机的安装方式，下面将详细介绍这种安装方式。

1. 安装 VMware 虚拟机

通过虚拟机软件，我们可以在一台物理计算机上模拟出一台或多台虚拟的计算机，这些虚拟机器就像真正的计算机一样进行工作，我们可以在其上安装操作系统和应用程序、访问网络资源等。本书使用的是 VMware Workstation(读者也可以选用其他虚拟机软件)。双击 VMware Workstation 安装文件(如图 2-1 所示，也可通过网络下载)，进入安装界面，然后一步步点击 Next 完成安装过程，如图 2-2～图 2-4 所示。

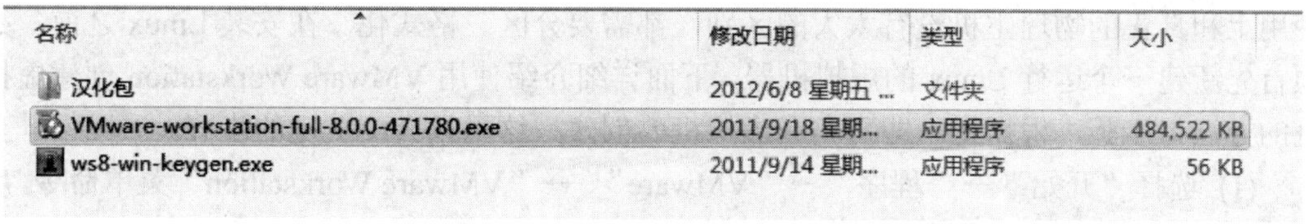

名称	修改日期	类型	大小
汉化包	2012/6/8 星期五 …	文件夹	
VMware-workstation-full-8.0.0-471780.exe	2011/9/18 星期…	应用程序	484,522 KB
ws8-win-keygen.exe	2011/9/14 星期…	应用程序	56 KB

图 2-1　VMware Workstation 安装包

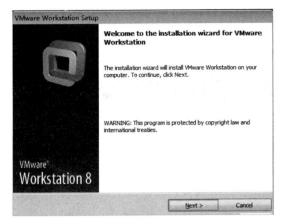

图 2-2　安装选择界面(1)

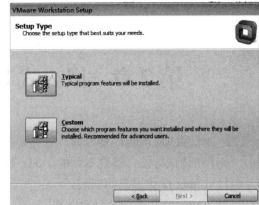

图 2-3　安装选择界面(2)

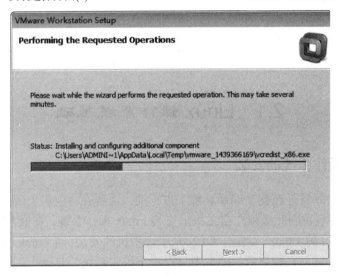

图 2-4　安装选择界面(3)

　　初始安装的 VMware 是英文界面的，如果需要汉化，可安装汉化包。进入图 2-1 中的汉化包目录，双击可执行文件"VMware-workstation-full-8.0.0-471780_汉化.exe"完成安装过程，本书采用英文界面。

2. 新建虚拟机

　　VMware Workstation 虚拟机是一个在 Windows 或 Linux 计算机上运行的应用程序，它可以模拟一个基于 x86 的标准 PC 环境，和真实的计算机一样，都有 CPU、内存、显卡、声卡、网卡、软驱、硬盘、光驱、串口、USB 控制器等设备。

　　使用 VMware 虚拟机可以虚拟多台计算机，即可以安装多个操作系统，这台虚拟机在使用上和真正的物理主机没有太大的区别，都需要分区、格式化。在安装 Linux 之前，必须首先新建一个运行 Linux 的虚拟机器，下面详细介绍使用 VMware Workstation 创建虚拟机的方法与步骤，根据提示即可完成虚拟机的创建，这里只介绍关键的步骤。

　　(1) 选择"开始"→"程序"→"VMware"→"VMware Workstation"菜单命令，启动 VMware，如图 2-5 所示。

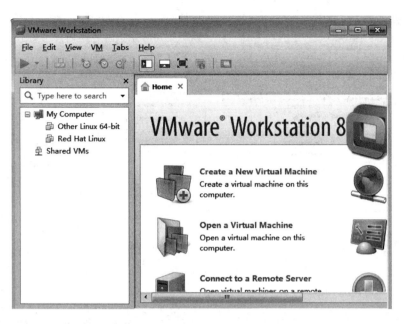

图 2-5　VMware 虚拟机环境

(2) 选择 "File" → "New Virtual Machine" 菜单项,打开 "新建虚拟机向导" 对话框,如图 2-6 所示,选择 "Typical",单击 "Next",进入选择客户机操作界面,如图 2-7 所示,可以选择你所要安装的操作系统的类型和版本,此处选择 Linux 操作系统。

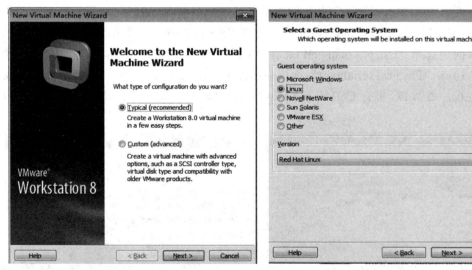
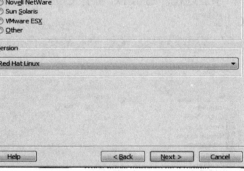

图 2-6　新建虚拟机向导对话框　　　　　　图 2-7　选择客户机操作系统

3. 虚拟机设置

VMware 可以直接用光盘镜像作为虚拟光驱使用,虚拟机安装完成后,根据需要可进行配置。在 VMware 主窗口中,选择 "VM" → "Settings" 菜单命令进入虚拟机配置界面,如图 2-8 所示,这里重点介绍与嵌入式开发相关的几项硬件设置。关于虚拟机的其他设置,大家可以参考其他相关资料。

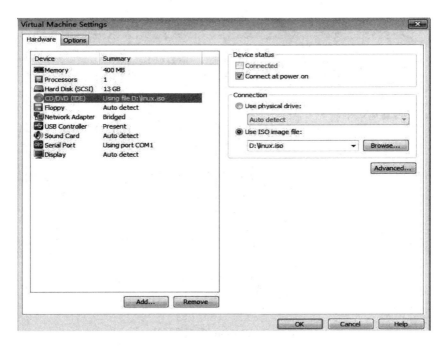

图 2-8　虚拟机设置界面

1）串口的设置

安装虚拟机默认的情况下没有串口，但是在嵌入式开发中，需要通过串口运行超级终端，对开发板/实验箱进行操作，因此我们要手工添加一个串口。在图 2-8 所示界面中点击"Add"按钮添加串口设备，如图 2-9 所示，选择"Serial Port"，单击"Next"，然后在新弹出的界面中选择"Use physical port on the host"并单击"Next"，弹出图 2-10 所示界面，在图 2-10 中"Physical serial port"选项中选择"COM1"选项，然后单击"Finish"完成串口添加过程。通常 PC 机有 COM1 和 COM2 两个串口，一般使用 COM1 连接开发板和PC 机。

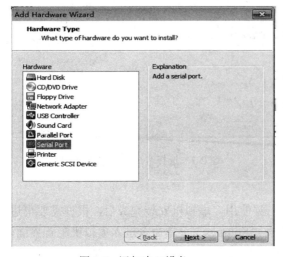

图 2-9　添加串口设备

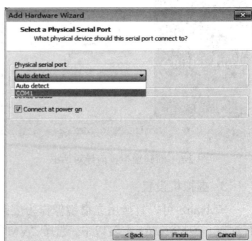

图 2-10　选择串口设备

2) 网络连接的设置

虚拟机网络连接的设置有四种方式，如图 2-11 所示。

(1) Bridged 方式：用这种方式，虚拟机的 IP 可设置成与 Host 主机在同一网段，虚拟机相当于网络内的一台独立的机器，同一网络内的虚拟机之间以及虚拟机与 Host 主机之间都可以互相访问，就像一个局域网一样。

(2) NAT 方式：这种方式也可以实现 Host 主机与虚拟机间的双向访问。但是虚拟机是被 Host 独享的，其他局域网主机(或虚拟主机)不能访问本虚拟机，本虚拟机则可通过 Host 主机使用 NAT 协议访问网络内其他机器。

(3) Host-only 方式：与 Host 主机共享网络连接。

(4) Custom 方式：用户自定制网络连接方式。

把虚拟机设置成桥接网络连接模式，采用这种网络连接模式后，对应虚拟机就被当成主机所在以太网上的一个独立物理机来看待，各虚拟机通过默认的 VMnet0 网卡与主机以太网连接。

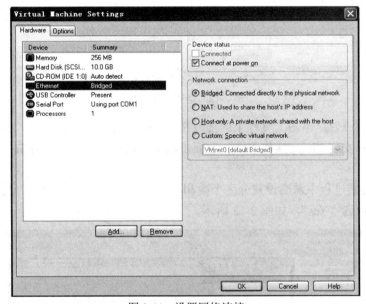

图 2-11　设置网络连接

4. 安装 Linux 操作系统

新建完虚拟机后就可以安装 Linux 操作系统了，Linux 操作系统有多种版本，嵌入式系统开发中一般使用 Red Hat Linux、Ubuntu 或 Fedora Linux。安装文件可以到官方网站免费下载，可以采用光盘安装或 ISO 镜像文件安装两种方式，以下采用 ISO 镜像安装。

在虚拟机中安装操作系统和在真实的计算机中安装没有什么区别,但在虚拟机中安装操作系统可以直接使用保存在主机上的安装光盘镜像(.iso 文件)作为虚拟机的光驱。可以在"Virtual Machine Settings"页中的"Hardware"选项卡中，选择"CD-ROM"项，在"Connection"选项区域内选中"Use ISO image file"单选按钮，然后浏览选择 Linux 安装光盘镜像文件(ISO 格式)。如果使用安装光盘，则选择"Use physical drive"并选择安装光盘所在光驱。

图 2-12 所示为虚拟机设置界面中"Connection"选项卡中选择"Use ISO image file"，然后单击"Browse"在镜像文件所在目录中选择镜像文件，图 2-12 所示为选择了 Fedora 安装软件，单击"OK"完成镜像文件选择步骤。

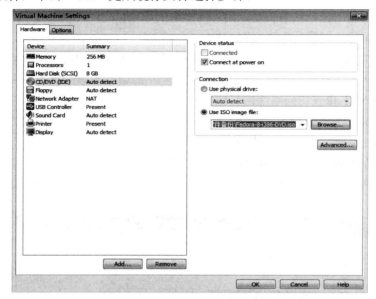

图 2-12 选择镜像文件

光驱选择完成后，单击工具栏上的播放按钮，打开虚拟机电源，进入安装 Linux 操作系统界面，选择安装 Linux 操作系统，后面步骤基本选择默认选项，点击"Next"完成安装过程。

Linux 的安装过程中需要设置分区个数和大小，这里选择自动分区，单击"Next"，在弹出的警告界面选"Yes"，如图 2-13 所示。

图 2-13 确认自动分区

root 用户是系统中唯一的超级管理员，它具有等同于操作系统的权限。如果使用 Linux 做一般的工作，如办公等，是不需要 root 用户的。但是作为编程开发，或者研究 Linux 系统本身，用 root 用户会方便很多，图 2-14 为给 root 用户创建密码。

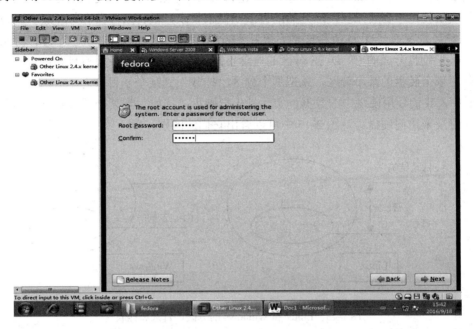

图 2-14　为 root 用户输入密码

2.1.2　Linux 文件系统及目录结构

Linux 和 Windows 操作系统中的文件系统有些不同，在学习 Linux 之前，先来了解它们的不同之处。下面首先对 Windows 和 Linux 文件系统的概念进行区分，然后介绍 Linux 文件系统的相关原理，最后较为详细地介绍 Linux 系统的目录结构。

1. Linux 和 Windows 文件系统

1）Windows 文件系统

Windows 系统中一切文件都存放在硬盘上，Windows 的文件结构是多个并列的树状结构，最顶部的是不同的磁盘分区，如 C、D、E、F 等。Windows 是通过"某个硬盘—硬盘上的某个分区—分区上的特定文件系统—特定文件系统中的文件"这样的顺序来访问到一个文件的。

Windows 可以把文件分为两类：系统文件和用户文件。一般来说系统文件(例如 Windows 操作系统本身、一些系统程序、程序运行所需的库文件以及一些系统配置文件等)存放的默认位置在 C 盘，当然也可以在安装的时候指定在其他盘；其他用户文件包含用户后来安装的程序以及一些数据文件等，用户可以把它们随意存放在任意的分区。

2）Linux 文件系统

在 Linux 系统中，一切文件都存放在一个唯一的"虚拟文件系统"中，系统启动后，先有这个虚拟文件系统，再把某个硬盘的某个分区作为这个虚拟文件系统的一部分，也就是说，Linux 系统是通过"虚拟文件系统—硬盘—硬盘上的分区—分区上的特定文件系统—特定文件系统中的文件"这样的顺序来访问一个文件的。

对于习惯了使用 Windows 的用户，对这样的组织可能有点不太适应，这个"虚拟文件系统"实质就是一棵目录树，最开始的目录叫做根目录，根目录中又有每一级子目录或者文件，子目录又有子子目录和文件，其中每个子目录都有特定的约定俗成的功能。和 Windows 把硬盘分成的 C、D、E 分区的概念不同，Linux 中最开始没有硬盘的概念，如果想要使用哪个硬盘的某个分区，就把那个分区"挂载"到某个子目录之下。也就是说，在 Linux 中，我们使用硬盘中的数据，实际是先把硬盘"挂载"到某个子目录下，然后通过那个子目录来访问硬盘。从图 2-15 中可以看出它们的区别。

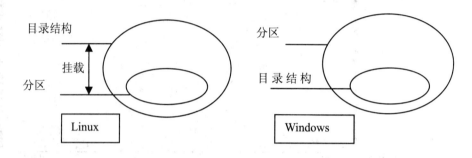

图 2-15　Linux 和 Windows 的分区、目录和挂载

3) Linux 文件系统在操作系统中的位置

Linux 把除了它本身(Linux 操作系统内核)以外的一切事物都看做是"虚拟文件系统"中的文件。也就是说，无论是硬件(键盘、鼠标、内存、网卡、串口)、软件还是数据，我们都可以通过虚拟文件系统中的某个子目录对他们进行访问和操作，而实现这些管理的幕后就是 Linux 操作系统内核本身。启动 Linux 操作系统的时候，首先要把操作系统内核加载到内存中，内核本身提供了文件管理、设备管理、内存管理、CPU 进程调度管理、网络管理等功能，等内核运行起来之后就在内存中建立起相应的"虚拟文件系统"，最后就是内核利用它提供的那些功能来管理虚拟文件系统中的软硬件等各种资源。

另外，从使用者的角度来说，Linux 是使用路径来访问一个文件的。表示文件的路径由"文件所在的目录 + 各级目录的分隔符 + 文件"组成，这在 Windows 和 Linux 上面都是一样的，不同的是，Windows 下面的目录分隔符是"\"，Linux 下面的是"/"，例如：

Window 系统上的文件：D:\Program Files\PPStream\PPStream.exe

Linux 系统上的文件：/usr/bin/screen

2. Linux 文件系统的目录结构

Linux 文件系统的目录结构如图 2-16 所示，下面对主要目录做一个简单的介绍。

(1) /bin 和 /sbin 目录：存放 Linux 基本操作命令的执行文件，例如 ls、cp、mkdir 等，这两个目录中的内容类似，主要区别是 /sbin 中的文件只能由 root(系统管理员)来执行。

(2) /home 目录：该目录是 Linux 系统中默认的用户工作目录。添加新用户后系统会在 /home 目录下为对应账号建立一个同名的主目录。

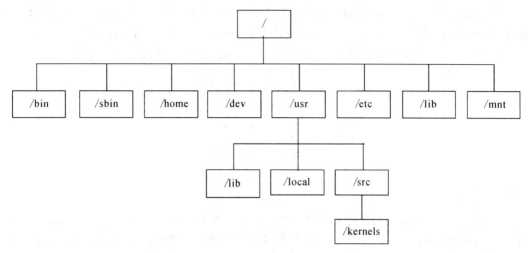

图 2-16　Linux 文件系统的目录结构

(3) /dev 目录：该目录用于存放 Linux 系统中所有外部设备的镜像文件。由于在 Linux 中，所有的设备都当做文件一样进行操作，比如 /dev/cdrom 代表光驱，用户可以非常方便地像访问文件、目录一样对其进行访问。需要注意的是，这里并不是存放外部设备的驱动程序，它实际上是一个访问这些外部设备的端口。

(4) /usr 目录：该目录用来存放用户应用程序和文件，类似于 Windows 下的 Program Files 目录。Linux 系统内核的源代码存放在/usr/src/kernels 目录下。

(5) /etc 目录：该目录用于存放系统管理时的各种配置文件和子目录，系统启动过程中需要读取其参数进行相应的配置。如/etc/rc.d 目录用于存放启动或改变运行级别的脚本文件及目录；/etc/profile 文件为系统环境变量的配置文件；/etc/passwd 文件为用户数据库，其中的域给出了用户名、加密口令和用户的其他信息。

(6) /lib 目录：该目录用于存放系统动态链接共享库。Linux 系统内核内置的已经编译好的驱动程序存放在/lib/modules/kernel 目录下，几乎所有的应用程序都会用到这个目录下的共享库。因此，千万不要轻易对这个目录进行什么操作。

(7) /mnt 目录：该目录是软驱、光驱、硬盘的挂载点，也可以临时将别的文件系统挂载到此目录下，比如 cdrom 等。

3. 文件类型及文件属性

1) 文件类型

Linux 下面的文件类型主要有以下几种：

(1) 普通文件：C 语言源代码、Shell 脚本、二进制的可执行文件等。

(2) 目录文件：目录，存储文件的唯一地方。

(3) 链接文件：指向同一个文件或目录的文件。

(4) 设备文件：与系统外设相关，通常在 /dev 下面，分为块设备和字符设备。

Linux 系统中链接文件分为硬链接和软链接(软链接也叫符号链接)。硬链接和软链接都是指向文件的一种方式，但两者有不同的地方。

2) 文件属性

下面我们来认识 Linux 下的文件属性。

　　在 Linux 下一个文件能否被执行和后缀名没有太大的关系，主要和文件的属性有关。这点和 Windows 不同，Windows 下的文件，比如 file.txt、file.doc、file.sys、file.mp3、file.exe 等，我们根据文件的后缀就能判断文件的类型。Linux 中的文件属性如图 2-17 所示。

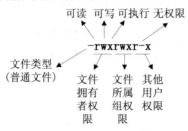

图 2-17　Linux 文件属性

　　首先，Linux 中文件的拥有者可以把文件的访问属性设成 3 种不同的访问权限：可读 (r)、可写(w)和可执行(x)。文件又有 3 个不同的用户级别：文件拥有者(u)、所属的用户组 (g)和系统里的其他用户(o)。第一个字符显示文件的类型：

　　"_"表示普通文件。

　　"d"表示目录文件。

　　"l"表示链接文件。

　　"c"表示字符设备。

　　"b"表示块设备。

　　"p"表示命名管道，比如 FIFO 文件(First In First Out，先进先出)。

　　"f"表示堆栈文件，比如 LIFO 文件(Last In First Out，后进先出)。

　　第一个字符之后有 3 个三位字符组：

　　"r"表示可读。

　　"w"表示可写。

　　"x"表示可执行。

　　"-"表示该用户组对此没有权限。

　　第一个三位字符组表示文件拥有者(u)对该文件的权限；第二个三位字符组表示文件用户组(g)对该文件的权限；第三个三位字符组表示系统其他用户(o)对该文件的权限。注意目录权限和文件权限有一定的区别，对于目录而言，r 代表允许列出该目录下的文件和子目录，w 代表允许生成和删除该目录下的文件，x 代表允许访问该目录。在 Linux 终端中使用如下命令：

```
[root@localhost ~]# ls -l
total 1728
-rwxr-xr-x 1 root root 1096 2015-03-12 15:38 abc
-rw------- 1 root root    2004 2015-02-04 16:48 anaconda-ks.cfg
-rw-rw-r-- 1 root root 253408 2016-02-01 19:54 ClientDialog.o
drwxr-xr-x 3 root root    4096 2015-12-17 19:26 copy
drwxr-xr-x 2 root root    4096 2016-01-02 09:32 Desktop
drwxr-xr-x 2 root root    4096 2015-02-04 17:00 Documents
drwxr-xr-x 2 root root    4096 2015-02-04 17:00 Download
-rw-r--r-- 1 root root      18 2015-03-25 05:54 ee
```

其中第一个文件 abc 具备这样的属性：普通文件，root 用户对它可读、可写、可执行，该用户组对该文件可读、可执行、不能写，其他用户对该文件可读、可执行、不能写。

3) 文件权限的数字表示

通常用三个数字来表示文件的读取、写入和执行权限，它们分别是：

数字 0 表示无权限；

数字 1 表示可执行；

数字 2 表示写权限；

数字 4 表示读权限。

可用数字求和表示多权限组合，例如：用户对某一文件拥有可读、可写、可执行的权限，则可表示为 7(1 + 2 + 4 = 7)，对另一文件拥有可读、可执行权限，则可表示为 5(1 + 4 = 5)。有时用 3 位数字表示文件的权限，其中每位数字分别表示文件拥有者、同组用户和不同组用户的权限。例如，755 表示文件所有者对该文件具有读、写、执行权限；文件所有者所在组及其他用户对文件有读、执行权限，没有写权限。

2.1.3　Linux 文本编辑器 Vi

Vi 是 Linux 系统的第一个全屏幕交互式编辑程序，功能强大。

1. Vi 的工作模式

Vi 的工作模式主要有如下几种。

1) 命令行模式

在 Linux 终端中输入如下命令则可启动 Vi 编辑器：

　　[root@localhost root]# vi hello.c

通常进入 Vi 后默认处于命令行模式，如图 2-18 所示。在该模式下各种键盘的输入都是作为命令来执行，可以通过上下移动光标进行"删除字符"或"整行删除"等操作，但无法编辑文字。

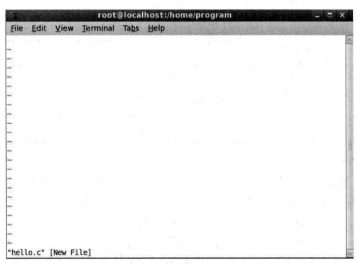

图 2-18　命令行模式

命令行模式常用功能键如表 2-1 所示。

表 2-1　命令行模式常用功能键

命　　令	功　能　说　明
I	切换到插入模式，此时光标位于开始输入文件处
A	切换到插入模式，并从目前光标所在位置的下一个位置开始输入文字
O	切换到插入模式，并从行首开始插入新的一行
Ctrl+b	屏幕往"后"翻动一页
Ctrl+f	屏幕往"前"翻动一页
Ctrl+u	屏幕往"后"翻动半页
Ctrl+d	屏幕往"前"翻动半页
0(数字 0)	光标移到行首
$	光标移到行尾
G	光标移到文档的最后
nG	光标移到第 n 行
n<Enter>	光标向下移动 n 行
/name	在光标之"后"查找一个名为 name 的字符串
?name	在光标之"前"查找一个名为 name 的字符串
x	删除光标所在位置的"后面"一个字符
X	删除光标所在位置的"前面"一个字符
D	从光标定位的行末删除文本
dd	删除光标所在行
ndd	从光标所在行开始向下删除 n 行
yy	复制光标所在行
nyy	复制从光标所在行开始的向下 n 行
P	将缓冲区内的字符粘贴到光标所在位置(与 yy 命令搭配)
U	恢复前一个动作

2) 插入/编辑模式

进入 Vi 时，默认的模式是命令行模式，而要进入编辑模式输入数据时，可以用下列按键：

(1) "a"键：从目前光标所在位置的下一个字符开始输入。

(2) "i"键：从光标所在位置开始插入新输入的字符。

(3) "o"键：新增加一行并将光标移到下一行的开头。

如图 2-19 所示，在编辑窗口底部出现"--INSERT--"则表示当前进入了编辑模式，编辑模式下主要是输入文本。

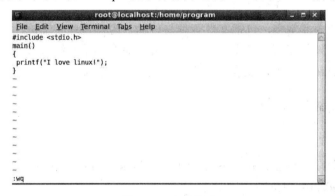

图 2-19　编辑模式

3) 底行模式

Vi 的底行模式是指可以在界面最底部的一行显示输入的命令，一般用来执行查找特定的字符串、保存及退出等任务。在命令行模式下输入冒号 ":" 进入底行模式，然后就可以输入底行模式下的命令了，如 ":wq" 表示保存并退出 Vi，如图 2-20 所示。

图 2-20　底行模式

底行模式常用功能键如表 2-2 所示。

表 2-2　底行模式主要的操作命令

命　　令	功　能　说　明
:w	写文件，也就是将编辑的内容保存到文件系统中
:q	退出 Vi，系统对做过修改的文件会给出提示
:wq	存盘后退出
:q!	表示强制退出 Vi，对有修改的文件不保存
:set nu	set 可以设置 Vi 的某些特性，这里是设置在每行开头提示行号
:set nonu	取消行号显示
:w [filename]	另存一个命名为 filename 的文件

2. 三种模式之间的切换

进入 Vi 时，默认的是命令行模式，按 "i" 进入编辑模式，编辑模式下按 "Esc" 则退到命令行模式，按 Shift + ：则进入底行模式，各操作模式之间的切换如图 2-21 所示。

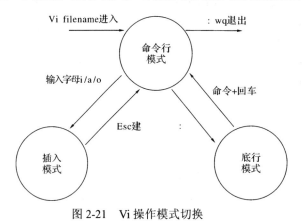

图 2-21　Vi 操作模式切换

2.2　Linux 常用操作命令

Linux 中的命令非常多，包括文件管理与传输、磁盘管理与维护、网络配置、系统管理与设置、备份压缩等成百上千个命令，而且每个命令都带有很多参数，要全部介绍几乎不可能，在此只介绍常用的以及和本课程实验相关的一些命令。

2.2.1　文件目录相关命令

1. ls 命令

功能：列出目录的内容。执行 ls 指令可列出目录的内容，包括文件和子目录的名称。

格式：ls [参数] [<文件或目录> …]。

常用参数：

-a：显示指定目录下所有子目录与文件名，包括隐藏文件。

-R：递归列出所有子目录。

-l：使用较长格式显示文件的详细信息。

-lh：以可读的方式(K/M)显示文件大小。

实例：

(1) ls -l 使用长格式显示文件的详细信息。

```
[root@localhost program]# ls -l
total 140
-rwxrwxrwx   1 root    root    5253 2015-02-09 05:03 bug
-rwxrwxrwx   1 root    root     310 2015-02-09 05:02 bug.c
drwxr-xr-x   2 blq     blq     4096 2016-02-21 11:54 ch2
-rw-r--r--   1 root    root      56 2016-03-16 04:47 hello.c
drwxr-xr-x   2 root    root    4096 2016-01-02 23:25 MyFirstQTapp
```

注意：以上信息中 5253 是什么含义你知道吗？

(2) 以可读的方式(K/M)显示文件大小。

```
[root@localhost program]# ls -lh
total 140K
-rwxrwxrwx    1 root    root    5.2K 2015-02-09 05:03 bug
-rwxrwxrwx    1 root    root     310 2015-02-09 05:02 bug.c
drwxr-xr-x    2 blq     blq     4.0K 2016-02-21 11:54 ch2
-rw-r--r--    1 root    root      56 2016-03-16 04:47 hello.c
drwxr-xr-x    2 root    root    4.0K 2016-01-02 23:25 MyFirstQTapp
[root@localhost program]#
```

2. cd 命令

功能：改变工作目录。该命令将当前目录改变至指定的目录。若没有指定 directory，则回到用户的主目录。为了改变到指定目录，用户必须拥有对指定目录的执行和读权限。

格式：cd [路径]。其中的路径为要改变的工作目录，可为相对路径或绝对路径。

实例：

(1) 回到上级目录。

```
[root@localhost program]# cd ..
```

(2) 回到根目录。

```
[root@localhost program]# cd /
```

(3) 切换到 root 目录。

```
[root@localhost program]# cd /root
```

(4) 回到用户主目录。

```
[root@localhost program]# cd ~
```

3. pwd 命令

功能：显示出当前工作目录的绝对路径。

格式：pwd。

实例：显示当前工作目录。

```
[root@localhost program]# pwd
/home/program
```

4. mkdir 命令

功能：创建一个目录。

格式：mkdir [参数] [路径/目录名称]。

常用参数：

-p：确保目录名称存在，若不存在就新建一个。

实例：在当前目录下创建目录 ch3。

```
[root@localhost program]# mkdir ch3
```

5. rmdir 命令

功能：删除空目录。

格式：rmdir [参数] [路径/目录名称]。

注：rmdir 只能删除空目录，因此如果要删除某个目录，需先将其目录下的所有文件删除。

常用参数：

-p：当子目录被删除后，若该目录为空目录，则将该目录一并删除。

实例：

(1) 删除/home/program 下的 ch3 目录。

    [root@localhost program]# cd /home/program

    [root@localhost program]# rmdir ch3

(2) 在其他目录下将 ch3 删除。

    [root@localhost ~]# rmdir /home/program/ch3

6. rm 命令

功能：删除文件或目录。

格式：rm [参数] [文件或目录]。

常用参数：

-f：强制删除文件或目录。

-i：删除文件或目录之前先询问用户。

-r：删除目录，如果目录不为空，则递归删除整个目录。

-v：显示指令执行过程。

实例：

(1) 使用-i 参数在删除既有文件或目录之前先询问用户。

    [root@localhost program]# rm -i hello.c

    rm: remove regular file `hello.c'? y

(2) 使用-f 参数强制删除文件。

    [root@localhost program]# rm -f hello.c

7. cp 命令

功能：复制文件或目录。

格式：cp [参数] [源文件或目录] [目标文件或目录]。

常用参数：

-a：保留链接、文件属性，并递归地拷贝目录，其作用等于 dpr 选项的组合。

-d：拷贝时保留链接。

-f：删除已经存在的目标文件而不提示。

-i：在覆盖目标文件之前将给出提示要求用户确认。

-p：除复制源文件的内容外，还将把其修改时间和访问权限也复制到新文件中。

-r：若给出的源文件是一目录文件，则递归复制该目录下所有的子目录和文件，此时目标文件必须为一个目录名。

实例：

(1) 将文件 hello.c 复制到 /root 目录下。

[root@localhost program]# cp hello.c /root

(2) 将当前目录下 Linux 目录及其下所有文件及目录都复制到/home/program 目录下。

[root@localhost ~]# cp -R linux /home/program

8. mv 命令

功能：移动或更名现有的文件或目录。

格式：mv [参数] [源文件或目录] [目标文件或目录]。

实例：

(1) 将当前目录/home/program 下的 hello.c 移动到/root 目录下。

[root@localhost program]# mv hello.c /root

(2) 将/root 目录下的 hello.c 移动到/home/program 目录下并更名为 linux.c。

[root@localhost ~]#cd /root

[root@localhost ~]# mv hello.c /home/program/linux.c

9. find 命令

功能：从指定的目录开始，递归地搜索其各个子目录，查找满足条件的文件并对其进行相关操作。

格式：find [路径] [参数] 信息 [选项]。

常用选项：

-print：将匹配的文件输出到标准输出。

-exec：对匹配的文件执行该参数所给出的 shell 命令。

-ok：和-exec 的作用相同，只是以一种更安全的模式来执行参数所给出的 shell 命令，在执行每一个命令之前，都会给出提示，让用户来确定是否执行。

实例：

(1) 列出当前目录及其子目录下所有扩展名是.c 的文件。

[root@localhost ~]# find -name "*.c"

(2) 列出当前目录及其子目录下的所有普通文件。

[root@localhost ~]# find –type f

(3) 列出当前目录及其子目录下所有最近半小时内更新过的文件。

[root@localhost ~]# find –ctime 30

10. ln 命令

功能：产生一个链接到源文件，不论是硬链接还是软链接，都不会将原来的文件复制一份，只会占用非常少的磁盘空间。

格式：ln [参数] 源文件 目标链接。

常用参数：

-b：在链接时将会被覆盖或删除的文件进行备份。

-d：建立硬链接。

-s：建立符号链接(软链接)。

-f：强行建立文件或目录的链接，如存在与目标链接同名的文件则先删除。

-i：覆盖已有文件之前先询问用户。

-n：在进行软链接时，把符号链接的目的目录视为一般文件。

实例：

(1) 为文件 hello.c 建立一个软链接。

　　[root@localhost program]# ln -s hello. c h1

(2) 为文件 hello.c 建立一个硬链接。

　　[root@localhost program]# ln hello. c h2

11. cat 命令

功能：连接并显示指定的一个和多个文件的有关信息。

格式：cat[选项]文件 1　文件 2…。其中的文件 1、文件 2 为要显示的多个文件。

常用参数：

-n：由第一行开始对所有输出的行数编号。

实例：输出文件 hello. c 的内容并在每一行前面加上行号。

　　　　[root@localhost program]#cat –n hello.c

12. chmod 命令

功能：改变文件的访问权限。

格式：chmod[选项] [权限] 文件。

【常用参数】

-c：若该文件权限已更改，则显示其更改动作。

-f：若该文件权限无法被更改，不显示错误信息。

-v：显示权限变更的详细信息。

实例：更改 hello 文件的权限为 755。

　　　　[root@localhost ~]# chmod 755 hello

2.2.2　系统操作命令

1. mount 和 umount 命令

功能：挂载文件系统。

格式：mount [-参数] [设备名称] [挂载点]。

【常用参数】

-o：该参数配合选项用于指定一个或多个挂载选项。

-t<文件系统类型>：指定设备的文件系统分区的类型。

实例：

(1) 使用如下命令挂载光盘，将光盘文件挂载到/mnt/cdrom 目录下。

　　mount /dev/cdrom /mnt/cdrom

(2) 装载 U 盘。

　　mount –t vfat /dev/sdb1 /mnt/usb

umount 命令是 mount 命令的逆操作，它的作用是卸载一个文件系统。例如，将光驱装载到 /mnt/cdrom 目录后，若要取出光盘，必须先使用 umount 命令进行卸载。其参数和使用方法和 mount 命令一样，命令格式如下：

　　　　umount <挂载点 | 设备>

2. shutdown 命令

功能：系统关机指令。

格式：shutdown [参数] [-t 秒数] 时间 [警告信息]。

常用参数：

-c：取消前一个 shutdown 命令。

-h：将系统关机后关闭电源，某种程度上功能与 halt 命令相当。

-n：不调用 init 程序关机，而是由 shutdown 自己进行，使用此参数将加快关机速度，但是不建议用户使用此种关机方式。

-r：shutdown 之后重新启动系统。

-t<秒数>：送出警告信息和关机信号之间要延迟多少秒，警告信息将提醒用户保存当前进行的工作。例如：

　　　　[root@localhost program]# shutdown -h +4

shutdown 命令后面有 -h 和 +4 标志，其中 -h 是参数，而 +4 是时间标志。

下面来认识一下时间的格式，时间参数有 hh:mm 或 +m 两种模式，hh：mm 格式表示在几点几分执行 shutdown 命令，例如"shutdown 10:45"表示将在 10:45 执行；shutdown +m 表示 m 分钟后执行 shutdown。比较特别的用法是以 now 表示立即执行关机指令。在第一次使用 shutdown 命令时，可以用"Ctrl + c"清除该命令，第二次使用时，我们在命令最后加上"&"表示转入后台执行，然后我们就可以使用 shutdown–c 来取消前一个 shutdown 命令。

2.2.3　打包压缩相关命令

1. tar 命令

功能：对文件和目录进行打包或解压，打包文件后缀名为 .tar。利用 tar 命令可以将若干个文件或目录打包成一个文件。

格式：tar [参数] [打包后文件名]文件目录列表。

常用参数：

-c：创建新的档案文件。如果用户想备份一个目录或一些文件，就要选择这个选项。

-x：解开一个打包文件的参数指令。

-r：向打包文件中追加文件。例如，用户已经做好备份文件，又发现还有一个目录或是一些文件忘记备份了，这时可以使用该选项，将忘记的目录或文件追加到备份文件中。

-f：指定打包后的文件名，注意，在 f 之后不能有其他参数。

-z：调用 gzip 来压缩或解压打包文件，加上该选项后可以将档案文件进行压缩，但还原时也一定要使用该选项进行解压缩。

-j：调用 bzip2 来压缩或解压打包文件。

-Z：调用 compress 来压缩或解压打包文件。

-v：执行时显示详细的信息。

实例：

(1) 将当前目录下的文件 test1、test2 和 test3 打包为 this.tar。

    [root@localhost ~]# tar -cvf this.tar test1 test2 test3

(2) 将当前目录下所有.txt 文件打包并压缩归档到文件 text.tar.gz。

    [root@localhost ~]# tar czvf text.tar.gz ./*.txt

(3) 将当前目录下的 text.tar.gz 中的文件解压到当前目录。

    [root@localhost ~]# tar xzvf text.tar.gz ./

2. gzip 命令

功能：对单个文件进行压缩或对压缩文件进行解压缩，压缩文件名后缀为 .gz。

格式：gzip ［选项］ 压缩(解压缩)的文件名。

常用参数：

-d：将压缩文件解压缩。

-r：用递归方式查找指定目录并压缩其中的所有文件或者是解压缩。

-v：对每一个压缩和解压的文件显示文件名和压缩比。

-num：用指定的数字 num 指定压缩比，num 取值 1～9，其中 1 代表压缩比最低，9 代表压缩比最高，默认值为 6。

实例：

(1) 把/home/program 目录下的 test.txt 文件压缩成.gz 文件。

    [root@localhost ~]#$ cd /home/program

    [root@localhost program]# gzip test.txt

    [root@localhost ~]#$ ls

    test.txt.gz

(2) 把(1)中的压缩文件解压，并列出详细的信息。

    [root@localhost program]# gzip -dv test.txt.gz

    [root@localhost program]# ls

    test. txt

3. unzip 命令

功能：用 MS Windows 下的压缩软件 winzip 压缩的文件在 Linux 系统下展开，可以用 unzip 命令，该命令用于解压扩展名为 .zip 的压缩文件。

格式：unzip ［选项］ 压缩文件名.zip。

常用参数：

-v：查看压缩文件目录但不解压。

-t：测试文件有无损坏但不解压。

-d：把压缩文件解压到指定目录下。

-z：只显示压缩文件的注解。

-n：不覆盖已经存在的文件。

-o：覆盖已存在的文件且不要求用户确认。

-j：不重建文档的目录结构，把所有文件解压到同一目录下。

实例：

(1) 将压缩文件 text.zip 在当前目录下解压缩。

　　　[root@localhost program]# unzip text.zip

(2) 将压缩文件 text.zip 在指定目录/tmp 下解压缩，如果已有相同的文件存在，要求 unzip 命令不覆盖原先的文件。

　　　[root@localhost program]# unzip -n text.zip -d /tmp

(3) 查看压缩文件目录但不解压。

　　　[root@localhost program]# unzip -v text.zip

2.2.4　网络相关命令

1. ifconfig 命令

功能：查看或者设置网络设备。

格式：ifconfig 网络设备[IP 地址] [netmask<子网掩码>]。

实例：

(1) 查看和配置网络设备。

　　　[root@localhost ~] Ifconfig

(2) 配置计算机 IP 地址为 192.168.0.104。

　　　ifconfig eth0 192.168.0.104 up

2. ping 命令

功能：检测主机。

格式：ping [参数][主机名称或 IP 地址]。

实例：

(1) IP 地址为 192.168.0.102 的 Windows 主机 ping IP 地址为 192.168.0.104 的 Linux 虚拟机。

(2) IP 地址为 192.168.0.104 的 Linux 虚拟机 ping IP 地址为 192.168.0.102 的 Windows 主机。

```
[root@localhost ~]# ping 192.168.0.102
PING 192.168.0.102 (192.168.0.102) 56(84) bytes of data.
64 bytes from 192.168.0.102: icmp_seq=1 ttl=64 time=1.26 ms
64 bytes from 192.168.0.102: icmp_seq=2 ttl=64 time=0.402 ms
64 bytes from 192.168.0.102: icmp_seq=3 ttl=64 time=0.681 ms

--- 192.168.0.102 ping statistics ---
3 packets transmitted, 3 received, 0% packet loss, time 2001ms
rtt min/avg/max/mdev = 0.402/0.781/1.262/0.359 ms
```

2.2.5 获取联机帮助

联机帮助文档可以随时帮助用户了解命令的语法和参数，主要通过 man 命令来获取帮助文档。man 命令格式如下：

man {命令名称}

例如，要获取 cp 命令的帮助，可输入以下命令：

man cp

结果如图 2-22 所示。

图 2-22   man 命令

在此命令中可使用以下快捷键：

space(空格键)：向下翻一屏显示。

b：向上翻一屏显示。

q：退出帮助文档界面。

2.3   嵌入式 Linux 编译器

C 语言编译、链接的过程就是把我们编写的 C 语言源程序转换成可以运行的程序(即可执行代码)。编译就是把程序语言源代码翻译为机器语言形式的目标文件；链接是把目标文件和用到的库文件进行组织并生成最终的可执行代码。GCC 是 Linux 操作系统下一个非常重要的源代码编译工具，有许多重要的选项支持许多不同语言的编译，如 C、C++、Ada、Fortran、Objective、Perl、Python、Ruby 以及 Java 等，Linux 内核、许多其他自由软件以及开放源码应用程序都是用 C 语言编写并经 GCC 编译而成的。

2.3.1   编译、运行 C 语言程序

1. 编写源代码

在终端输入：vi hello.c，进入 Vi 编辑器，按 i 进入插入模式，输入以下代码：

```
#include<stdio.h>
int main()
{
        printf("Hello, Embedded Linux!\n");
        return 0;
}
```

按"Esc"，然后输入":wq"保存并退出。

2. 编译源代码

在终端输入以下命令，编译生成可执行文件 hello：

```
gcc hello.c -o hello
```

3. 运行程序

在终端输入以下命令运行程序：

```
./hello
```

执行后，将会在屏幕上看到打印结果：Hello, Embedded Linux!。

也可采用最简单的程序编译方式，在终端输入以下命令：

```
gcc hello.c
```

执行后会生成一个名为 a.out 的可执行文件，输入以下命令运行：

```
./a.out                    ./表示当前目录
```

执行过程及运行结果如下：

```
[root@localhost program]# gcc hello.c
[root@localhost program]# ls
Hello.c    a.out
[root@localhost program]# ./a.out
Hello, Embedded Linux!
```

2.3.2　GCC 程序编译流程

"gcc hello.c -o hello"命令执行后，我们看到在当前目录下多出了一个文件 hello，这就是可执行文件。以上内容虽然简单，但 GCC 却做了很多工作，GCC 的编译过程分为四个阶段，如图 2-23 所示。

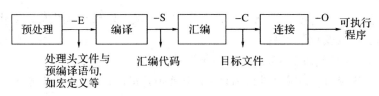

图 2-23　GCC 编译流程

1. 预处理阶段

预处理在正式的编译阶段之前进行，其主要内容包括：

(1) 宏定义，如 #define PI 3.14。简单得讲就是进行宏替换。

(2) 条件编译，如 #ifdef、#ifndef、#else、#endif 等。预编译程序根据这些指令将没必要参与编译的代码过滤掉。

(3) 头文件，如 #include <filename.h>, #include "filename.h"。

(4) 特殊符号，预编译程序可以识别一些特殊符号，典型的就是__LINE__、__FILE__等编译器内置的预定义宏。

预处理的核心工作就是"替换"。当然，预处理也会去掉代码中的注释内容，总之，预处理的目的就是简化编译阶段的扫描任务。

预处理阶段对应的 GCC 选项为-E(预处理，但不编译)，输出为对 c 文件预处理后的结果。

举例如下：

(1) 执行命令 vi yuchuli.c，输入以下代码：

```
#define number 1+2
#include "stdio.h"

int main()
{
    int n;
    n = number*3;
    printf("n = %d\n", n)
}
```

(2) 输入如下预处理命令：

```
gcc -E yuchuli.c -o yuchuli.i
```

(3) 输入命令 cat yuchuli.i，查看预处理结果，部分内容如下：

```
# 914 "/usr/include/stdio.h" 3 4
# 3 "yuchuli.c" 2
int main()
{
    int n;
    n = 1+2*3;
    printf("n = %d\n", n)
}
```

2. 编译阶段

编译就是进行词法分析、语法分析、中间代码生成、汇编代码生成，即由预处理的文件编译优化得到汇编文件的过程。

编译对应的 GCC 选项为 -S(编译，但不汇编)，输出为 .s 的文件。

说明：GCC 编译可以以源文件作为输入，其实也是可以直接用预处理的 i 文件作为输入。

(1) 输入如下命令对上述 yuchuli.i 文件进行编译：

```
#gcc -S yuchuli.i -o yuchuli.s
```

(2) 用 cat 命令查看 yuchuli.s 的内容如下：

```
[root@localhost jiaocai]# cat yuchuli.s
```

```
            .file "yuchuli.c"
            .section        .rodata
.LC0:
            .string "n = %d\n"
            .text
.globl main
            .type     main, @function
main:
            leal      4(%esp), %ecx
            andl      $-16, %esp
            pushl     -4(%ecx)
            pushl     %ebp
            movl      %esp, %ebp
            pushl     %ecx
            subl      $36, %esp
            movl      $7, -8(%ebp)
            movl      -8(%ebp), %eax
            movl      %eax, 4(%esp)
            movl      $.LC0, (%esp)
            call      printf
            addl      $36, %esp
            popl      %ecx
            popl      %ebp
            leal      -4(%ecx), %esp
            ret
            .size     main, .-main
            .ident    "GCC: (GNU)   4.1.2   20070925 (Red Hat 4.1.2-33) "
            .section        .note.GNU-stack, " ", @progbits
```

3. 汇编阶段

汇编实际上指把汇编语言代码翻译成目标机器指令的过程，其输出就是目标文件(.o)。目标文件中所存放的也就是与源程序等效的目标机器语言代码。目标文件由段组成，通常一个目标文件中至少有两个段：

代码段：该段中所包含的主要是程序的指令。该段一般是可读和可执行的，但一般却不可写。

数据段：主要存放程序中要用到的各种全局变量或静态的数据。一般数据段都是可读、可写、可执行的。

说明：汇编之后，编译的过程就完成了，得到了目标文件(.o)。

汇编对应的 GCC 选项为 -c(汇编，但不链接)。

终端输入如下命令：

　　#gcc -c yuchuli.s -o yuchuli.o

-c 可以把汇编代码转化成".o"的二进制目标代码。

4. 链接阶段

由汇编程序生成的目标文件并不能立即就被执行，其中可能还有许多没有解决的问题。例如，某个源文件中的函数可能引用了另一个源文件中定义的某个符号(如变量或者函数调用等)或调用了某个库文件中的函数等。所有这些问题都需要经链接程序的处理才能得以解决。链接程序的主要工作就是将有关的目标文件彼此相连接，即将在一个文件中引用的符号同该符号在另外一个文件中的定义连接起来，使得所有的这些目标文件最终成为一个能够被操作系统装入执行的可执行文件。

终端输入如下命令：

　　#gcc yuchuli.o -o yuchuli

生成可执行文件 yuchuli 即可执行。

终端输入以下命令运行程序：

　　#./yuchuli

运行结果如下：

　　[root@localhost program]#./yuchuli

　　n = 7

总结：GCC 程序编译主要包括预处理、编译、汇编、链接四个阶段，通过 GCC 选项能控制 GCC 处理到某一步之后就停止。当然，实际的 GCC 处理并不一定完全按照上述步骤一步一步处理，可能会有一些优化的处理方式。

GCC 编译器的编译选项大约有 100 多个，其中多数我们很少使用，这里只介绍其中最基本、最常用的参数，GCC 常用选项如表 2-3 所示。

表 2-3　GCC 常用选项

选　　项	说　　明
-o FileName	指定输出文件名，如果没有指定，缺省文件名是 a.out
-c	只编译生成目标文件，后缀为 .o
-g	在执行程序中包括标准调试信息
-O	对程序进行优化编译、链接，提高程序的执行效率。
-I DirName	将 DirName 加入到头文件的搜索目录列表中
-L DirName	将 DirName 加入到库文件的搜索目录列表中，在缺省情况下 GCC 只链接共享库
-l FOO	链接名为 libFOO 的函数库静态链接库文件
-static	静态链接库文件

2.3.3　优化编译

首先我们通过一个实例来认识优化编译。将如下程序按两种方式进行编译，然后比较并观察程序的运行时间。

```
#include <stdio.h>
int main(void)
{   double counter;   double result;        double temp;
    for (counter = 0; counter < 3000.0 * 3000.0 * 3000.0 /300.0 + 3333;
            counter += (5 - 2) / 3)
                    {temp = counter / 1520;        result = counter;  }
        printf("Result is %lf\\n", result);
        return 0;
    }
```

方式 1：进行普通编译，然后执行程序，观察运行时间。

[~]gcc youhua.c -o yh_1

[~]time ./yh_1

显示结果如下：

[root@localhost baobao]# gcc youhua.c -o yh_1

[root@localhost baobao]# time ./yh_1

Result is 900003332.000000\n

real　　0m7.148s

user　　0m6.994s

sys　　0m0.018s

方式 2：进行优化编译，然后执行程序，观察程序运行时间。

[~]gcc -O youhua.c -o yh_2

[~]time ./yh_2

显示结果如下：

[root@localhost baobao]# gcc -O youhua.c -o yh_2

[root@localhost baobao]# time ./ yh_2

Result is 900003332.000000\n

real　　0m2.149s

user　　0m2.022s

sys　　0m0.011s

因计算机配置不同，以上打印信息可能会不同。

优化前，程序总的运行时间为 7 s，优化后程序的运行时间为 2 s，可见使用优化编译 -O 使程序的性能发生了巨大变化。

为了满足用户不同程度的优化需要，GCC 提供了近百种优化选项，用来对{编译时间，目标文件长度，执行效率}这个三维模型进行不同的取舍和平衡。优化的方法不一而足，总体有以下几类：① 精简操作指令；② 尽量满足 CPU 的流水操作；③ 通过对程序行为地猜测，重新调整代码的执行顺序；④ 充分使用寄存器；⑤ 对简单的调用进行展开等。GCC 提供了从 O0～O3 以及 Os 这几种不同的优化级别供大家选择，以下进行简单介绍，具体参数参照 GCC 手册。

(1) -O0：不做任何优化，这是默认的编译选项。

(2) -O 和 -O1：对程序做部分编译优化，对于大函数，优化编译占用稍微多的时间和相当大的内存。使用本项优化，编译器会尝试减小生成代码的尺寸，以及缩短执行时间，但并不执行需要占用大量编译时间的优化。

(3) -O2：是比 O1 更高级的选项，进行更多的优化。GCC 将执行几乎所有的不包含时间和空间折中的优化。当设置 O2 选项时，编译器并不进行循环展开(Loop Unrolling)以及函数内联。与 O1 比较而言，O2 优化在增加了编译时间的基础上，提高了生成代码的执行效率。

(4) -O3：O3 在 O2 的基础上进行了更多的优化，例如使用伪寄存器网络、普通函数的内联以及针对循环的更多优化。

(5) -Os：主要是对程序的尺寸进行优化。打开了大部分 O2 优化中不会增加程序大小的优化选项，并对程序代码的大小做更深层地优化。

优化代码有可能带来如下问题：

(1) 调试问题：正如上面所提到的，任何级别的优化都将带来代码结构的改变。例如，对分支的合并和消除、对公用子表达式的消除、对循环内 load/store 操作的替换和更改等，都将会使目标代码的执行顺序变得面目全非，导致调试信息严重不足。

(2) 内存操作顺序改变所带来的问题：在 O2 优化后，编译器会影响内存操作的执行顺序。例如，-fschedule-insns 允许数据处理时先完成其他的指令；-fforce-mem 有可能导致内存与寄存器之间的数据产生类似脏数据的不一致等。对于某些依赖内存操作顺序而进行的逻辑，需要做严格的处理后才能进行优化。例如，采用 volatile 关键字限制变量的操作方式，或者利用 barrier 迫使 CPU 严格按照指令序执行。

(3) 效率是否有较大的提高有待试验论证：并不是所有的优化都会对执行效率产生积极的作用，有的时候利用优化会起到适得其反的效果。这就需要在试验的基础上来不断调整优化选项，以求最佳优化效果。但通常这样做所投入的时间和最终产生的效果之间比较，往往得不偿失。

2.3.4 自定义头文件编译处理

在 C 语言中，需要利用头文件来定义结构、常量以及声明函数的原型。C 程序中的头文件包括两种情况：

```
#include <a.h>
#include "b.h"
```

<>是让预处理程序在系统预设的头文件目录(如：/usr/include)中搜寻相应的文件。" "是让预处理程序在当前目录中搜寻相应的头文件，但对于用户自定义头文件，该如何处理，下面通过一个实例来说明。

```
#include<stdio.h>
#include<zhs.h>
main()
{
    float x;
```

```
        x = PI;
        printf("x = %f\n", x);
    }
```

文件 zhs.h 的内容。

```
    #define PI 3.14
```

程序的保存路径如图 2-24 所示。

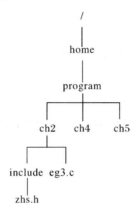

图 2-22　头文件路径

如果在 /home/program/ch2 目录下编译 eg3.c 生成可执行文件 eg3，可采用如下编译命令：

```
#gcc eg3.c -I/home/program/ch2/include -o eg3
```

即如果在程序中引用自定义头文件，需要在编译的时候使用 -I 参数指定头文件所在路径。

2.3.5　库文件的创建及使用

Linux 库文件分为静态链接库和动态链接库两种。

1. 静态链接

在静态链接方式下，函数的代码将从其所在的静态链接库中被拷贝到最终的可执行程序中，即静态链接是指编译时将库复制到文件中，这样该程序在被执行时这些代码将被装入到该进程的虚拟地址空间中。静态链接库实际上是一个目标文件的集合，其中的每个文件含有库中的一个或者一组相关函数的代码。

2. 动态链接

在动态方式下，函数的代码被放到称作是动态链接库或共享对象的某个目标文件中。链接程序此时所作的只是在最终的可执行程序中记录下共享对象的名字以及其他少量的登记信息。在此可执行文件被执行时，动态链接库的全部内容将被映射到运行时相应进程的虚地址空间，即动态链接是指程序运行时调用共享库文件。动态链接程序将根据可执行程序中记录的信息找到相应的函数代码。

对于可执行文件中的函数调用，可分别采用动态链接或静态链接的方法。使用动态链接能够使最终的可执行文件比较短小，并且当共享对象被多个进程使用时能节约一些内存，因为在内存中只需要保存一份此共享对象的代码。但并不是使用动态链接就一定比使用静态链接要优越，在某些情况下动态链接可能带来一些性能上的损害。

静态链接库常以 .a 结尾，而动态链接库常以 .so(shared object)结尾，而且必须都以 lib 开头。若使程序运行时不依赖库文件，可以在 GCC 编译时使用参数"-static"进行静态编译(GCC 在默认情况下优先使用动态链接库，强制使用静态链接库时，需要加上"-static"选项)。

按以下两条命令编译文件 2.c，比较生成的可执行文件的大小。

```
gcc 2.c -o 2-1          //
gcc -static 2.c -o 2-2   //使用-static(静态链接库文件)编译文件
```

思考：2-1 和 2-2 两个文件哪个更大一些？

下面介绍库文件的创建及应用，具体步骤如下。

步骤一：如何生成库文件

下面实例演示如何将自定义函数 convert 加入到 libconversion.a 库文件中。

文件 convert.c 的内容如下：

```
char convert(char ch)
{
    if(ch >= 'A' && ch <= 'Z')
        ch = ch+32;
        else if(ch >= 'a' && ch <= 'z')
        ch = ch-32;
        return ch;
}
```

(1) 首先编译生成目标文件 convert.o，命令如下：

```
#gcc -c convert.c -o convert.o
```

(2) 使用 ar 命令生成库文件：

```
#ar rcs libconversion.a convert.o
#ar -rc libconversion.a convert.o
```

步骤二：如何使用库文件中的函数

下面实例演示如何使用 libconversion.a 中的 convert 函数。

(1) 在文件 convert.h 中声明 convert 函数。

文件 convert.h 的内容如下：

```
char convert(char ch);
```

(2) 在文件 test.c 中使用 convert 函数。

文件 test.c 的内容如下：

```
#include<stdio.h>
#include<string.h>
#include<convert.h>
main()
{
```

```
        char s[] = "AAbb3456";
        int i, n;
        printf("1-%s\n", s);
        n = strlen(s);
        for(i = 0; i<n; i++)
            s[i] = convert(s[i]);
        printf("2-%s\n", s);
    }
```

步骤三：编译 test.c 时需指定库文件和头文件的存放路径

假设源文件 text.c、头文件 convert.h、库文件 libconversion.a 的存放路径如图 2-25 所示，对 test.c 源文件的编译可使用以下命令：

```
#gcc test.c -I/home/program/ch2/include -L/home/program/ch2/lib -lconversion -o test
```

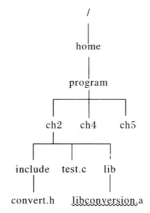

图 2-25　库文件及头文件目录

库函数一般存放在 /usr/lib 目录下，如果存放在其他目录需要指定。GCC 指定库文件所在的目录的参数是 -L，指定库文件名的参数是 -l。Linux 下库文件都是以 lib 三个字母开头的，因此在使用 -l 选项指定链接的库文件名时可以省去 l、i、b 三个字母。

2.4　GDB 程序调试器

应用程序的调试是开发过程中必不可少的环节之一，GDB (GNU Debugger)是 GNU 工程为 GNU 操作系统开发的调试器，但它的使用并不局限于 GNU 操作系统，GDB 可以运行在 Unix、Linux 甚至 Microsoft Windows 操作系统之上。GDB 可以调试 C、C++、Objective-C、Pascal、Ada 等语言编写的程序；被调试的程序可以跟 GDB 运行于同一台电脑，也可运行于不同电脑。不管是调试 Linux 内核空间的驱动还是调试用户空间的应用程序，掌握 GDB 的用法都是必需的，而且调试内核和调试应用程序时使用的 GDB 命令是完全相同的。

GDB 主要可帮助工程师完成下面 4 个方面的功能：

(1) 启动程序，按照自定义的要求运行程序。

(2) 设置断点，程序在指定的断点处停止，断点可以是条件表达式。

(3) 监视或修改程序中变量的值。

(4) 动态地改变程序的执行环境。

2.4.1　GDB 调试 C 语言程序

下面的代码实现对一个整型数的反转功能，比如输入 123，则输出 321。但输入 100 时，程序的输出结果却不正确，请通过调试找出错误原因。

程序如下：

```c
#include <stdio.h>
void NumRevert(int Num)
{
    while (Num > 10)
    {
        printf("%d", Num % 10);
        Num = Num / 10;
    }
    printf("%d\n", Num);
}
int main(void)
{
    int Num;
    printf("Please input a number :");
    scanf("%d", &Num);
    printf("After revert : ");
    NumRevert(Num);
}
```

[root@localhost program]# gcc -g numrevert.c -o numrevert　　<……使用 GDB 调试器，必须在编译

时加入调试选项 -g

[root@localhost program]# gdb numrevert　　　　<……进入 GDB 调试环境

GNU gdb Red Hat Linux (6.6-35.fc8rh)

Copyright (C) 2006 Frec Software Foundation, Inc.

GDB is free software, covered by the GNU General Public License, and you are

welcome to change it and/or distribute copies of it under certain conditions.

Type "show copying" to see the conditions.

There is absolutely no warranty for GDB.　Type "show warranty" for details.

This GDB was configured as "i386-redhat-linux-gnu"...

Using host libthread_db library "/lib/libthread_db.so.1".

```
(gdb) l                         <......相当于 list，查看源代码
1         #include <stdio.h>
2         void NumRevert(int Num);
3         int main(void)
4         {
5             int Num;
6             printf("Please input a number :");
7             scanf("%d", &Num);
8             printf("After revert : ");
9             NumRevert(Num);
10        }
(gdb) l
11        void NumRevert(int Num)
12        {
13            while (Num > 10)
14            {
15                printf("%d", Num % 10);
16                Num = Num / 10;
17            }
18            printf("%d\n", Num);
19        }
```

(gdb) break NumRevert　　<......在源代码 NumRevert 函数处设置断点

Breakpoint 1 at 0x804844b: file numrevert.c, line 13.

(gdb) break 17　　　　　　<......在源代码 17 行处设置断点

Breakpoint 2 at 0x80484b6: file numrevert.c, line 17.

(gdb) break 19　　　　　　<......在源代码 19 行处设置断点

Breakpoint 3 at 0x80484c9: file numrevert.c, line 19.

(gdb) info break　　　　　<......显示断点信息

Num	Type	Disp	Enb	Address	What
1	breakpoint	keep	y	0x0804844b	in NumRevert at numrevert.c:13
2	breakpoint	keep	y	0x080484b6	in NumRevert at numrevert.c:17
3	breakpoint	keep	y	0x080484c9	in NumRevert at numrevert.c:19

(gdb) r　　　　　　　　　<......运行程序

Starting program: /home/program/numrevert

Please input a number :100 <......用户输入

Breakpoint 1, NumRevert (Num=100) at numrevert.c:13

13   while (Num > 10)

(gdb) c　　　　　　　　　<......在第一个断点处停止，c 为继续执行

Continuing.

Breakpoint 2, NumRevert (Num = 10) at numrevert.c:18

18   printf("%d\n", Num);   <......在第二个断点处停止

(gdb) print Num   <......输出变量 Num 的值

$1 = 10

(gdb) c

Continuing.

After revert : 010

Breakpoint 3, NumRevert (Num=10) at numrevert.c:19

19   }

(gdb) c   <......在第三个断点处停止，c 为继续执行

Continuing.

Program exited with code 03.

(gdb) quit   <......退出 GDB

[root@localhost program]#

　　从以上调试过程可以看出，程序运行结束时，Num 值为 10，因此，10 的个位和十位没有分离，此程序的问题在于十位数和百位数没有分离。可将第 13 行的循环条件修改为

　　　　while (Num >= 10)

　　重新编译运行程序，结果正确。

2.4.2　GDB 基本命令

　　GDB 命令很多，常用 GDB 命令如表 2-4 所示。

表 2-4　常用 GDB 命令

命　令	描　　述
file	装入要调试的可执行文件
kill	终止正在调试的程序
list	列出产生执行文件的源代码的一部分
next	执行一行源代码但不进入函数内部
step	执行一行源代码而且进入函数内部
run	执行当前被调试的程序
c	继续运行程序
quit	终止 GDB
watch	监视一个变量的值而不管它何时被改变
backtrace	栈跟踪，查出代码被谁调用
print	查看变量的值
make	不退出 GDB 就可以重新产生可执行文件
shell	使你能不离开 GDB 就执行 Unix shell 命令
whatis	显示变量或函数类型

续表

命　令	描　述
break	在代码中设断点
info break	显示当前断点清单
info files	显示被调试文件的详细信息
info func	显示所有的函数名称
info local	显示当前函数中的局部变量信息
info prog	显示被调试程序的执行状态
delete [n]	删除第 n 个断点
disable[n]	关闭第 n 个断点
enable[n]	开启第 n 个断点
ptype	显示结构定义
set variable	设置变量的值
call name(args)	调用并执行名为 name、参数为 args 的函数
finish	终止当前函数并输出返回值
return value	停止当前函数并返回 value 给调用者

2.5　make 命令和 makefile 工程管理

在大型软件项目的开发过程中，通常有几十到上百个源文件，如果每次都手工键入 GCC 命令进行编译，非常不方便。因此，引入了 make 工具来解决这个问题。make 工具通过一个称为 makefile 的文件来描述源程序之间的相互关系，并自动完成编译工作。如果只修改了某几个源文件，则只重新编译这几个源文件；如果某个头文件被修改了，则重新编译所有包含该头文件的源文件。利用这种自动编译可大大简化开发工作，避免不必要的重新编译。

makefile 需要严格按照某种语法进行编写，文件中需要说明如何编译各个源文件并链接生成可执行文件，并定义源文件之间的依赖关系。

2.5.1　认识 makefile

什么是 makefile 文件？make 命令执行时，需要一个 makefile 文件，以告诉 make 命令怎样去编译和链接程序。很多 Windows 程序员可能不知道这个工具，但作为一个专业的嵌入式 Linux 程序员，要在 Linux 下进行软件编程，必须学会编写 makefile 文件，因为 makefile 文件的编写直接关系到是否具备完成大型工程的能力。

一个工程中的源文件数量较多，其按类型、功能分别放在若干个目录中，makefile 文件描述了整个工程的编译、链接等规划，其中包括：工程中的哪些源文件需要编译以及如何编译；需要创建哪些库文件以及如何创建；最后如何生成目标文件。

本节首先以一个简单的实例让读者认识 makefile 文件的编写和 make 命令的使用。

例如，有 C 源程序文件为 hello.c，其源代码如下：

```
/*******hello.c*******/
#include <stdio.h>
void main()
{
    printf("I am makefile!\n");
}
```

为其编写 makefile 文件如下：

```
hello: hello.o
        gcc hello.o -o hello
hello. o: hello.c
        gcc -c hello.c -o hello.o
clean:
        rm *.o hello
```

注意：GCC 命令前不是空格，而是按下 Tab 键的制表符号位。

将其和源文件 hello.c 保存在同一个目录下，文件名为 makefile，没有后缀。然后在终端执行 make 命令，运行结果如下：

```
[root@localhost program]# ls
hello.c    makefile
[root@localhost program]# make
gcc -c hello.c -o hello.o
gcc hello.o -o hello
[root@localhost program]# ls
hello    hello.c    hello.o    makefile
[root@localhost program]# ./hello
I am makefile!
[root@localhost program]#make clean
rm hello.o hello
[root@localhost program]#ls
hello.c    makefile
```

make 命令执行后用 ls 命令查看已生成可执行文件 hello。从以上这个例子可以看出，makefile 是 make 命令读入的配置文件，它由若干个规则组成，用于说明如何生成一个或多个目标文件，每个规则的格式如下：

目标：依赖文件

〈tab 键〉命令

目标是需要由 make 工具创建的目标体(target)，通常是目标文件或可执行文件。依赖文件是要创建的目标体所依赖的文件(dependency_file)。命令是创建每个目标体时需要运行的命令(command)。

上例中需创建的最终目标体是 hello，其需要的依赖文件为 hello.o，执行的命令为 GCC

编译指令：gcc hello.o -o hello。而依赖文件 hello.o 又需要由源文件 hello.c 生成，因此又有了"hello.o:hello.c"，即 hello.o 依赖于 hello.c，其执行命令为 GCC 编译指令：gcc -c hello.c -o hello.o。这是一个由可执行文件到源文件递推的过程，从 make 命令的执行结果我们也可以看到，make 命令执行的过程是逆向的，makefile 首先执行了"hello.o"对应的命令语句，并生成了"hello.o"目标体；然后由目标文件 hello.o 生成可执行文件 hello。

makefile 中把那些没有任何依赖，只有执行动作的目标称为"伪目标 (phony targets)"。上例中 clean 就是伪目标，其作用是执行命令"make clean"将生成的中间文件和最终可执行文件删除。

使用 make 的格式为 make target，这样 make 就会自动读入 makefile 执行 target 对应的 command 语句，并会找到相应的依赖文件。

2.5.2　简单计算器程序的 makefile 文件编写

下面通过一个简易计算器实例来进一步学习 makefile 文件的编写以及 make 与 makefile 文件的关系。在一个工程中有 1 个头文件和 5 个 C 语言程序文件如下：

实现加法功能的程序 add.c 源代码如下：

```
/****add.c****/
#include <stdio.h>
float add(float a, float b)
{    float c;
     c = a+b;
     printf("the add result is %f\n", c);
     return c;
}
```

实现减法功能的程序 sub.c 源代码如下：

```
/****sub.c****/
#include <stdio.h>
float sub(float a, float b)
{    float c;
     c = a-b;
     printf("the subtraction result is %float\n", c);
     return c;
}
```

实现乘法功能的程序 mul.c 源代码如下：

```
/*****mul.c****/
#include <stdio.h>
float mul(float a, float b)
{
     float c;
```

```
        c = a*b;
        printf("the mul result is %f\n", c);
        return c;
    }
```

实现除法功能的程序 div.c 源代码如下：

```
/****div.c****/
#include <stdio.h>
float div(float a, float b)
{
    if(b != 0)
    {
        printf("the div result is %f\n", a/b);
        return (a/b);
    }
    else
    {
        printf("the div result is error\n");
    }
}
```

主程序 main.c 源代码如下：

```
#include "stdio.h"
#include "arimtc.h"
main( )
{   float x, y, z;
    char op;
    printf("Please enter an arithmetic formula:");
    scanf("%f %c %f", &x, &op, &y);
    //op = getchar( );
    switch (op)
    {
        case '+': z = add(x,y); break;
        case '-': z = sub(x,y); break;
        case '*': z = mul(x,y); break;
        case '/': z = div(x,y); break;
        default: z = 0;
    }
    if ((int)z) printf("%.2f%c%.2f = %.2f\n", x, op, y, z);
    else    printf ("%c is not an operator\n", op);
}
```

头文件 arimtc.h 源代码如下：

```
/***** arimtc.h ******/
float add(float, float);
float sub(float, float);
float mul(float, float);
float div(float, float);
```

以上程序由 1 个主程序文件、4 个子程序文件和 1 个 .h 头文件组成，编写 makefile 文件如下：

```
calculator:main.o add.o sub.o mul.o div.o
        gcc main.o add.o sub.o mul.o div.o -o calculator
main.o:main.c arimtc.h
        gcc -c main.c -o main.o
add.o:add.c
        gcc -c add.c -o add.o
sub.o:sub.c
        gcc -c sub.c -o sub.o
mul.o:mul.c
        gcc -c mul.c -o mul.o
div.o:div.c
        gcc -c div.c -o div.o
clean:
        rm *.o program
```

把上述内容保存为 makefile 文件，然后在该目录下直接输入命令 make 就可以生成执行文件 program。如果要删除可执行文件和所有的中间目标文件，只要简单地执行一下 make clean 就可以了。

在这个 makefile 文件中，包含如下内容：执行文件 calculator 和中间目标文件(*.o)以及依赖文件(dependency_files)，即冒号后面的那些 .c 文件和 .h 文件。每一个 .o 文件都有一组依赖文件，而这些 .o 文件又是执行文件 calculator 的依赖文件。依赖关系的实质是说明目标文件由哪些文件生成，换言之，目标文件是由哪些文件生成的。在定义好依赖关系后，后续的代码定义了如何生成目标文件的操作系统命令，需要注意的是这些命令一定要以一个 Tab 键作为开头。

make 并不管 makefile 文件是怎么工作的，它只管执行所定义的操作。make 会比较 targets 文件和 dependency_files 文件的修改日期，如果 dependency_files 文件的日期比 targets 文件的日期要新，或者 target 不存在，make 就会执行后面定义的命令。另外，clean 不是一个文件，它只不过是一个动作名字，有点像 C 语言中的 lable 一样，冒号后什么也没有，这样 make 就不会自动去找文件的依赖性，也就不会自动执行其后所定义的命令。要执行其后的命令，就要在 make 命令后显示指定这个 lable 的名字。这种方式非常有用，叮以在一个 makefile 文件中定义与编译无关的命令，比如程序的打包或备份等。在默认方式下，只输入 make 命令，它会做如下工作：

步骤1：make在当前目录下找名字为makefile的文件。

步骤2：寻找makefile文件中的第一个目标文件(target)。例如，在上面的例子中，找到calculator这个文件，并把这个文件作为最终的目标文件；如果calculator文件不存在，或是calculator所依赖的后面的.o文件的修改时间要比calculator这个文件新，它就会执行后面所定义的命令来生成calculator文件。

步骤3：如果calculator所依赖的.o文件也不存在，make会在当前文件中找目标为.o文件的依赖文件，如果找到(即相应的C文件和H文件如果存在)，则会根据规则生成.o文件(类似于堆栈)；如果依赖文件不存在则报错。

步骤4：此时所有的.o文件都已经生成，然后回到第1行，用.o文件生成make的最终结果，也就是执行文件calculator。

上述就是整个make的依赖性，make会一层又一层地去找文件的依赖关系，直到最终编译出第一个目标文件。在找寻的过程中，如果出现错误，比如最后被依赖的文件找不到，make就会直接退出并报错。而对于所定义的命令的错误，或是编译不成功，make就不会处理。如果在make找到了依赖关系之后，冒号后面的文件不存在，make仍不工作。

通过上述分析，可以看出像clean这样没有被第一个目标文件直接或间接关联时，它后面所定义的命令将不会被自动执行，不过，可以显示使用make执行,例如使用make clean命令来清除所有的目标文件，并重新编译。

使用makefile编译程序的操作过程执行make命令，结果如下：

```
[root@localhost ch2]# make
gcc -c main.c -o main.o
gcc -c add.c -o add.o
gcc -c sub.c -o sub.o
gcc -c mul.c -o mul.o
gcc -c div.c -o div.o
gcc main.o add.o sub.o mul.o div.o -o calculator
```

执行ls命令查看已生成可执行文件calculator，执行calculator如下：

```
[root@localhost ch2]# ./calculator
Please enter an arithmetic formula:13.5 + 14.5
the add result is 28.000000
13.50+14.50 = 28.00
[root@localhost ch2]# ./calculator
Please enter an arithmetic formula:13.3*2
the mul result is 26.600000
13.30*2.00 = 26.60
```

在编程中，如果这个工程已被编译过了，当修改了其中一个源文件时，比如add.c，根据依赖性，目标add.o会被重新编译(也就是在这个依赖性关系后面所定义的命令)，则add.o文件也是最新的，即add.o文件的修改时间要比calculator新，所以calculator也会被重新链接。

以下只修改add.c，我们来观察make命令的执行结果：

```
[root@localhost ch2]# vi add.c
[root@localhost ch2]# make
gcc -c add.c -o add.o
gcc main.o add.o sub.o mul.o div.o -o calculator
[root@localhost ch2]# ls
add.c    arimtc.h    div.c    main.c    Makefile    mul.c    sub.c    新建文本文档.txt
add.o    calculator    div.o    main.o    mf.txt       mul.o    sub.o
```

另外需要注意的是 makefile 文件的注释内容以"#"开头，如果一行写不完则可使用反斜杠"\"换行续写，增加注释可以使 makefile 文件更易读。

2.5.3　makefile 变量

为了进一步简化 makefile 文件的编写和维护，make 允许在 makefile 中定义一系列的变量，变量一般都是字符串，当 makefile 被执行时，其中的变量会被扩展到相应的引用位置，类似于 C 语言的宏。变量定义的一般形式为

　　　变量名　赋值符　变量值

变量名是在 makefile 中定义的名字，用来代替一个文本字符串，该文本字符串称为该变量的值，这些值可以代替目标体、依赖文件、命令以及 makefile 文件中的其他部分。变量名习惯上只使用字母、数字和下划线，并且不以数字开头，当然也可以是其他字符，但不能使用"："、"#"、"="和空格。变量名大小写敏感，例如变量名"foo"、"FOO"和"Foo"代表不同的变量。在 makefile 文件中，推荐使用小写字母作为变量名，预留大写字母作为控制隐含规则参数或用户重载命令选项参数的变量名。

makefile 中的变量定义有两种方式：一种是递归展开方式，另一种是简单扩展方式。

递归展开方式定义的变量是在引用该变量时进行替换的，即如果该变量包含了对其他变量的应用，则在引用该变量时一次性将内嵌的变量全部展开，虽然这种类型的变量能够很好地完成用户的指令，但是它也有严重的缺点，如不能在变量后追加内容(因为语句 CFLAGS = $(CFLAGS)-O 在变量扩展过程中可能导致无穷循环)。

为了避免上述问题，简单扩展型变量的值在定义处展开，并且只展开一次，因此它不包含任何对其他变量的引用，从而消除变量的嵌套引用。

递归展开方式的定义格式：VAR = var。

简单扩展方式的定义格式：VAR := var。

当定义了一个变量之后，就可以在 makefile 文件中使用这个变量。无论采用哪种方式定义的变量，引用方式均为 $(变量名)，即把变量用括号括起来，并在前面加上"$"。例如引用变量 foo，就可以写成 $(foo)。

下面给出 2.5.2 节例子中使用变量替换后的 makefile，这里用 OBJS 代替 main.o add.o dec.o mul.o div.o，用 CC 代替 gcc。经变量替换后的 makefile 文件如下：

```
OBJS = main.o add.o sub.o mul.o div.o
CC = gcc
calculator: $(OBJS)
```

```
        $(CC) $(OBJS) -o program
main.o:main.c arimtc.h
        $(CC) -c main.c -o main.o
add.o:add.c
        $(CC) -c add.c -o add.o
sub.o:sub.c
        $(CC) -c sub.c -o sub.o
mul.o:mul.c
        $(CC) -c mul.c -o mul.o
div.o:div.c
        $(CC) -c div.c -o div.o
clean:
        rm *.o calculator
```

可以看到，.o 文件的字符串被重复了两次。如果这个工程需要加入一个新的 .o 文件，需要在两个位置插入(实际是 3 个位置，还有一个位置在 clean 中)。因此，为了使 makefile 文件更容易维护，可以在 makefile 文件中使用变量。如果有新的 .o 文件加入，只需修改 OBJS 变量就可以了。

由于常见的 GCC 编译语句中通常包含了目标文件和依赖文件，而这些文件在 makefile 文件中目标体的一行已经有所体现，因此，为了进一步简化 makefile 的编写，就引入了自动变量。自动变量通常可以代表编译语句中出现的目标文件和依赖文件等，表 2-5 列出了 makefile 中常见的自动变量。

表 2-5　makefile 中常见的自动变量

命令格式	含　　义
$*	不包含扩展名的目标文件名称
$+	所有的依赖文件以空格分开，并以出现的先后为序，可能包含重复的依赖文件
$<	第一个依赖文件的名称
$?	所有时间戳比目标文件晚的依赖文件，并以空格分开
$@	目标文件的完整名称
$^	所有不重复的依赖文件以空格分开
$%	如果目标是归档成员，则该变量表示目标的归档成员名称

自动变量的名称比较难记，例如自动变量"$@"和"$^"对于初学者可能增加了阅读的难度，但是熟练了之后就会发现不但非常方便，而且增加了 makefile 编写的灵活性。下面是使用自动变量对上述 makefile 文件进行改写的结果：

```
#makefile
OBJS = main.o add.o sub.o mul.o div.o
CC = gcc
calculator: $(OBJS)
        $(CC) $^ -o $@
```

```
main.o:main.c arimtc.h
     $(CC) -c main.c -o main.o
add.o:add.c
     $(CC) -c add.c -o add.o
dec.o:sub.c
     $(CC) -c dec.c -o dec.o
mul.o:mul.c
     $(CC) -c mul.c -o mul.o
div.o:div.c
     $(CC) -c div.c -o div.o
clean:
     rm *.o calculator
```

2.5.4　makefile 规则

makefile 的规则是 make 进行处理的依据，它包括了目标体、依赖文件及其之间的命令语句。一般的，makefile 中的一条语句就是一个规则。上面的例子中指出了 makefile 中的规则关系，如 "(CC)(CFLAGS)–c$<-o$@"，但为了简化 makefile 的编写，make 还定义了隐式规则和模式规则，下面就分别对其进行讲解。

1. 隐式规则

在 makefile 文件中，有一些语句经常使用，隐式规则告诉 make 使用默认的方式完成编译任务，即只需列出目标文件，而不必指定详细的编译细节。make 会自动按隐式规则来确定如何生成目标文件。例如 2.5.3 节中的 makefile 文件可以进一步简化如下：

```
#makefile
OBJS = main.o add.o dec.o mul.o div.o
CC = gcc
calculator:$(OBJS)
     $(CC) $^ -o $@
clean:
     rm *.o program
```

为什么可以省略后面 main.c、add.c、sub.c、mul.c、div.c 五个文件的编译命令呢？因为 make 的隐式规则指出，所有.o 文件都可以自动由.c 文件使用命令 "(CC)(CPPFLAGS)$(CFLAGS) –c file.c –o file.o" 生成，这样 main.o、add.o、sub.o、mul.o、div.o 就会分别调用这个规则生成。

2. 模式规则

模式规则用来定义相同处理规则的多个文件，它不同于隐式规则，隐式规则仅仅能够用 make 默认的变量来进行操作，而模式规则还能引入用户自定义变量，为多个文件建立相同的规则，从而简化 makefile 的编写。例如，下面的模式规则定义了如何将任意一个 X.c 文件转换为 X.o 文件：

```
%.c:%.o
        $(CC) $(CCFLAGS) $(CPPFLAGS) -c -o $@ $<
```

模式规则的格式类似于普通规则，这个规则中的相关文件前必须用"%"标明。这种规则更加通用，因为可以利用模式规则定义更加复杂的依赖性规则。

2.5.5 自动生成 makefile

对于一个较大的项目而言，完全手动建立 makefile 并不是一件轻松的事。autotools 系列工具正是为此而设计的，它只需用户输入目标文件、依赖文件、文件目录等就可以比较轻松地生成 makefile 文件。下面我们以本章第一个例子 hello.c 为例来介绍使用 autotools 工具生成 makefile 文件的步骤。

(1) 运行 autoscan，自动创建两个文件 autoscan.log 和 configure.scan。

```
[root@localhost autotools]# ls
[root@localhost autotools]# hello.c
[root@localhost autotools]# autoscan <----扫描目录及其子目录中的文件
[root@localhost autotools]# ls
autoscan.log configure.scan hello.c <---生成 autoscan.log 和 configure.scan
```

(2) 创建 configure.in 脚本配置文件。

configure.in 是 autoconf 的脚本配置文件，可通过修改 configure.scan 得到，修改后的 configure.scan 文件内容如下(请注意粗斜体部分)：

```
# -*- Autoconf -*-
# Process this file with autoconf to produce a configure script.
AC_PREREQ([2.61])        ------------------------>autoconf 的版本
AC_INIT(hello, 1.0)      ------------------------>定义了程序的名字、版本和错误报告地址
AM_INIT_AUTOMAKE(hello, 1.0)
AC_CONFIG_SRCDIR([hello.c]) ------------------------>检查指定源文件是否存在
AC_CONFIG_HEADERS([config.h]) ------------------------>用来生成 config.h 文件
# Checks for programs.
AC_PROG_CC
AC_CONFIG_FILES([Makefile])  ------------------------>用来生成 makefile 文件
# Checks for libraries.
# Checks for header files.
# Checks for typedefs, structures, and compiler characteristics.
# Checks for library functions.
AC_OUTPUT
```

将 configure.scan 文件修改并保存后将其更名为 configure.in，可使用以下命令：

```
[root@localhost autotools]# mv configure.scan configure.in
```

(3) 运行 aclocal 生成 aclocal.m4 文件。

```
[root@localhost autotools]# aclocal
```

```
[root@localhost autotools]# ls
aclocal.m4 autoscan.log configure.in hello.c
```

(4) 运行 autoconf 生成 configure 可执行文件。

```
[root@localhost autotools]# autoconf
[root@localhost autotools]# ls
aclocal.m4 autom4te.cache autoscan.log configure.in configure hello.c
```

(5) 使用 autoheader 生成 config.h.in。

```
[root@localhost autotools]# autoheader
[root@localhost autotools]# ls
aclocal.m4 autom4te.cache autoscan.log configure.in configure config.h.in hello.c
```

(6) 创建 makefile.am 文件。

```
[root@localhost autotools]# vi Makefile.am
```

输入以下内容：

```
AUTOMAKE_OPTIONS = foreign
bin_PROGRAMS = hello
hello_SOURCES = hello.c
```

AUTOMAKE_OPTIONS 选项设置 automake 的软件等级，可选项包括 foreign、gnu 和 gnits。foreign 表示只检测必要的文件。

bin_PROGRAMS 选项指定要生成的可执行文件的名称，如果要产生多个可执行文件时，需要用空格分开。

hello_SOURCES 选项指定生成可执行文件的依赖文件，多个依赖文件需要用空格隔开。

(7) 用 automake 生成 makefile.in。

```
[root@localhost autotools]# automake --add-missing
configure.in: installing './install-sh'
configure.in: installing './missing'
Makefile.am: installing 'depcomp'
[root@localhost autotools]# ls
aclocal.m4 autom4te.cache autoscan.log configure.in configure config.h.in hello.c depcomp install-sh
Makefile.am missing Makefile.am
```

(8) 生成 makefile 文件。

通过执行命令 configure 即可生成 makefile 文件。

```
[root@localhost autotools]# ./configure
checking for a BSD-compatible install... /usr/bin/install -c
checking whether build environment is sane... yes
checking for a thread-safe mkdir -p... /bin/mkdir -p
checking for gawk... gawk
checking whether make sets $(MAKE)... yes
checking for gcc... gcc
checking for C compiler default output file name... a.out
```

checking whether the C compiler works... yes

checking whether we are cross compiling... no

checking for suffix of executables...

checking for suffix of object files... o

checking whether we are using the GNU C compiler... yes

checking whether gcc accepts -g... yes

checking for gcc option to accept ISO C89... none needed

checking for style of include used by make... GNU

checking dependency style of gcc... gcc3

configure: creating ./config.status

config.status: creating Makefile

config.status: creating config.h

config.status: executing depfiles commands

[root@localhost autotools]# ls

aclocal.m4 config.h.in configure.in configure Makefile.in config.h autom4te.cache config.log   config.status depcomp   install-sh   missing autoscan.log Makefile stamp-h1 hello.c   Makefile.am

(9) 执行 make 命令生成可执行文件。

执行结果如下：

```
[root@localhost autotools]# make
cd . && /bin/sh /home/program/autotools/missing --run autoheader
rm -f stamp-h1
touch config.h.in
cd . && /bin/sh ./config.status config.h
config.status: creating config.h
config.status: config.h is unchanged
make  all-am
make[1]: Entering directory `/home/program/autotools'
gcc -DHAVE_CONFIG_H -I.     -g -O2 -MT hello.o -MD -MP -MF .deps/hello.Tpo -c -o
 hello.o hello.c
mv -f .deps/hello.Tpo .deps/hello.Po
gcc  -g -O2    -o hello hello.o
make[1]: Leaving directory `/home/program/autotools'
[root@localhost autotools]# ls
aclocal.m4        config.h.in     configure.in    hello.o        Makefile.in
autom4te.cache    config.log      depcomp         install-sh     missing
autoscan.log      config.status   hello           Makefile       stamp-h1
config.h          configure       hello.c         Makefile.am
[root@localhost autotools]# ./hello
I love embedded linux![root@localhost autotools]#
```

习 题 2

1．选择题

(1) 默认情况下管理员创建了一个用户，就会在(   )目录下创建一个用户主目录。

A．/usr   B．/home   C．/root   D．/etc

(2) 当使用 mount 命令进行设备或者文件系统挂载时，需要用到的设备名称位于(   )

目录。

  A. /home   B. /bin   C. /etc   D. /dev

(3) 如果生成通用计算机上 Linux 操作系统下能够执行的程序，则使用的 C 编译是

( )。

  A. TC   B. VC   C. GCC   D. arm-linux-gcc

(4) GCC 用于指定头文件目录的选项是( )。

  A. -o   B. -L   C. -g   D. -I

(5) make 有许多预定义变量，表示"目标完整名称"的是( )。

  A. \$@   B. \$^   C. \$<   D. \$>

(6) GDB 软件是( )。

  A. 调试器   B. 编译器   C. 文本编辑器   D. 连接器

(7) 在 makefile 中的命令必须要以( )开始。

  A. Tab 键   B. #号键   C. 空格键   D. &键

(8) 修改文件 a.txt 的权限，使组外成员的权限为只读，所有者有全部权限，组内的权限为读与写，相应命令为( )。

  A. chmod 764 a.txt   B. chmod 666 a.txt

  C. chmod 755 a.txt   D. chmod 555 a.txt

(9) 某文件的权限是 -rwxr--r--，则下面描述正确的是( )。

  A. 文件的权限值是 755

  B. 文件的所有者对文件只有读权限

  C. 其他用户对文件只有读权限

  D. 同组用户对文件只有写权限

(10) 用命令列出下面的文件列表，请问( )符号链接文件。

  A. -rw------- 2 hel-s users 56 Sep 09 11:05 hello

  B. -rw------- 2 hel-s users 56 Sep 09 11:05 goodbey

  C. drwx------ 1 hel users 1024 Sep 10 08:10 zhang

  D. lrwx------ 1 hel users 2024 Sep 12 08:12 cheng

(11) 删除文件的命令为( )。

  A. mkdir   B. rmdir   C. mv   D. rm

(12) 在 Vi 编辑器中执行存盘退出的命令为( )。

  A. :q   B. :sq   C. :q!   D. :wq

(13) 使用 Vi 编辑器环境时，使用:set nu 显示行号，使用下面( )可以取消行号显示。

  A. :set nuoff   B. :set nonu   C. :off nu   D. :cls nu

(14) 如需 GCC 提供编译过程中所有有用的报警信息，则在编译时应加入选项( )。

  A. -w   B. -Wall   C. -werror   D. -error

(15) 下面与 GDB 相关的说法错误的是( )。

  A. GDB 能调试可执行文件   B. GDB 能调试源代码

  C. GDB 对编译过程有要求   D. GDB 支持交叉调试

(16) 在 GDB 调试过程中，使用下面( )命令设置断点，其中 m 代表行号。

A. b m   B. c m   C. n m   D. s m

2．填空题

(1) Vi 的工作模式有三种：_____，_____，_____。

(2) GCC 指定库文件目录选项的字母是_____，指定头文件目录选项的字母是_____，指定输出文件名选项的字母是_____。

(3) 为了方便文件的编辑，在编辑 makefile 文件时，可以使用变量。引用变量时，只需要在变量前面加上_____符。

(4) Linux 下，动态链接库文件是以_____结尾的，静态链接文件是以_____结尾的。动态链接库是在_____时动态加载的，静态链接是在_____时静态加载的。

3．简单题

(1) 什么是 GCC？试述它的执行过程。

(2) makefile 的普通变量和预定义变量有什么不同？预定义变量有哪些？它们分别表示什么含义？

(3) make 与 makefile 之间的关系是什么？

4．编程和调试题

(1) 以下程序实现了计算 10!，针对其编写 makefile 文件。

```c
#include <stdio.h>//jc.c

int main()
{
    int i = 1, s = 1;
    while(i <= 10)
    {
        s = s*i;
        i++;
    }
    printf("result = %d\n",s);
    return 0;
}
```

(2) 使用 GDB 调试以下 C 语言源程序。

```c
//test.c
#include <stdio.h>
int func(int n)
{
    int sum = 0, i;
    for(i = 0; i < n; i++)
    {
        sum += i;
```

```
        }
        return sum;
    }
    main()
    {
        int i;
        long result = 0;
        for(i = 1; i <= 100; i++)
        {
            result += i;
        }
        printf("result[1-100] = %d /n", result );
        printf("result[1-250] = %d /n", func(250) );
    }
```

① 用 Vi 编辑器编辑上述程序并保存为 test.c；
② 使用 gcc test.c -o test.o 命令编译 test.c；
③ 使用 gcc -g test.c -o test.o 命令编译 test.c；
④ 比较②和③生成的 test.o 文件的大小，思考为什么；
⑤ 使用 GDB 调试程序 test.c。

实训项目二　Linux 下 C 语言程序的编译及调试

任务 1　安装虚拟机

实训目标

(1) 认识虚拟机；

(2) 学会虚拟机的安装与配置。

实训内容

1. 安装虚拟机软件

准备 VMware Workstation 安装文件(注：可下载和使用较高版本的虚拟机软件)，然后按照 2.1.1 节的内容一步步完成安装过程。

2. 新建虚拟机

使用 VMware 虚拟机可以虚拟多台计算机，即可以安装多个操作系统，在安装 Linux 之前，必须首先新建一个运行 Linux 的虚拟机，操作步骤如下：

(1) 选择"开始"→"程序"→"VMware"→"VMware Workstation"菜单命令，启动 VMware。

(2) 然后选择"File"→"New Virtual machine"菜单项，打开"新建虚拟机向导"对

话框，选择"Typical"，单击"Next"，进入"选择客户机操作界面"，选择 Linux 操作系统，版本为已经准备好的安装软件的版本。

3．添加串口设备

如果宿主机 Linux 需要用串口连接实验箱，在虚拟机配置界面中点击"Add"按钮添加串口设备，选择"Serial Port"，单击"Next"，然后在新弹出的界面中选择"Use physical port on the host"并单击"Next"，在"Physical serial port"选项中选择"COM1"选项，然后单击"Finish"完成串口添加过程。

任务 2　安装 Linux 操作系统

按照任务 1 中的步骤新建完虚拟机后就可以安装 Linux 操作系统了，Linux 操作系统有多种版本，可以采用 ISO 镜像文件安装。具体步骤如下：

(1) 在虚拟机设置界面的"Connection"选项卡中选择"Use ISO image file"，然后单击"Browse"在镜像文件所在目录中选择镜像文件。

(2) 单击工具栏上的播放按钮，打开虚拟机的电源，进入安装 Linux 操作系统界面，选择安装 Linux 操作系统，后面步骤基本选择默认选项，点击"Next"完成安装过程。

任务 3　常用命令练习

实训目标

掌握 Linux 系统命令格式及常用命令的使用方法。

实训内容

(1) 利用 pwd 命令查看当前的工作目录。

(2) 查看 ls 命令的详细使用方法，获取 ls 命令的简要帮助信息。

(3) 新建一个用户"qrsstu"，然后用新用户重新登录后在 /home/qrsstu 目录下新建一个子目录，并以自己的学号作为目录的名称(例如 /home/qrsstu/20140104001)，然后在该目录下创建目录 sy1(例如 /home/qrsstu/20140104001/sy1)。

(4) 在步骤 3 创建的学号目录下新建一个名为 test01 的文本文件(在目录/home/qrsstu/20140104001 下)，利用 Vi 命令编辑 test01，输入内容为 This is the first file。输入完成后保存退出，然后利用 cat 命令查看该文本文件的内容。

(5) 将 test01.txt 复制到 sy1 目录下并在复制的同时更改其名称为 test02.txt。

(6) 将 test01.txt 移动到目录下 sy1 下。

(7) 利用 ls 命令详细查看当前工作目录里的文件，并查看每个文件的权限。

(8) 通过 cd 命令将当前的工作目录切换为 sy1 目录。

(9) 利用删除命令将当前工作目录下的文件 test01.txt、test02.txt 删除掉。

(10) 在虚拟机设置中选择一个 ISO 光盘映像文件，使用 mount 命令挂载光盘到 Linux 操作系统的 /mnt/cdrom 目录下，查看和拷贝光盘中的文件。

　　(11) 使用 ifconfig 命令设置网卡 eth0 的 IP 地址,使得其与 Windows 系统在同一个网段并可以互相 Ping 通。

任务 4　用 GCC 编译程序

实训目标

(1) 学会用 GCC 编译 C 语言源程序文件;

(2) 掌握静态库和共享库的构造与使用;

(3) 学会头文件的使用及多文件程序联合编译的方法。

实训内容

(1) 使用 Vi 编辑器编辑 C 语言源程序 hello.c,然后用 GCC 命令直接编译。

```
#include<stdio.h>
int main()
{
    printf("Hello Embedded Linux!\n");
    return 0;
}
```

① 在终端输入“gcc hello.c -o hello”把 hello.c 编译为 hello 可执行文件。

② 输入“./hello”执行程序。

(2) 使用 GCC 编译命令参数分步编译 hello.c。

① 预处理生成 hello.i。终端输入如下命令:

```
#gcc -E hello.c -o hello.i
```

vi hello.i 查看 hello.i 的内容。

② 编译阶段生成 hello.s。终端输入如下命令:

```
#gcc -S hello.i -o hello.s
```

vim hello.s 查看 hello.i 内容。

③ 汇编阶段。终端输入如下命令:

```
#gcc -c hello.s -o hello.o
```

④ 链接阶段。终端输入如下命令:

```
#gcc hello.o -o hello
```

生成了可执行文件 hello。

⑤ 运行执行文件。终端输入如下命令:

```
#./hello
```

　　(3) 有一个工程,包含 3 个源程序文件 file1.c、file2.c 和 file3.c,包含 2 个头文件 file1.h 和 file2.h,文件内容分别为

```
//file1.c
#include <stdio.h>
int printSTR(char *str)
```

```
    {
        printf ("%s ",str);
    }
    //file2.c
    #include <stdio.h>
    int printINT(int i)
    {
        printf("%d\n",i);
    }
    int add(int x, int y)
    {
        return x + y;
    }
    //file1.h
    int printSTR(char *str);
    //file2.h
    int printINT(int i);
    int add(int x, int y);
    //file3.c
    #include <stdio.h>
    #include "file1.h"
    #inlude "file2.h"
    main() {
        printSTR("This is a test string ");
        printINT(add(2, 3));
    }
```

① 将所有文件都放在同一目录下，使用如下编译命令：

```
#gcc file1.c file2.c file3.c -o file
```

② 将源程序文件(file1.c、file2.c 和 file3.c)放在/home/qesstu/program 目录下，而将头文件(file1.h 和 file2.h)复制在/home/qesstu/program/include 目录下，使用如下编译命令：

```
#gcc file1.c file2.c file3.c -I/home/qesstu/program/include -o file
```

任务 5　用 GDB 调试程序

实训目标

(1) 熟悉 GDB 调试器的使用流程；

(2) 掌握查看文件内容、设置断点、单步运行等 GDB 基本命令的使用。

实训内容

以下代码的功能是逆序输出字符串"An embedded system"，但代码运行后不能正确显示，现通过 GDB 调试的方式发现和解决程序中存在的错误。

```c
#include <stdio.h>
int display1 (char *string)
int display2 (char *string1)
int main ()
{
    char string[] = "An embedded system";
    display1 (string);
    display2 (string);
}

int display1 (char *string)
{   printf ("The original string is %s \n", string);
}
int display2 (char *string1)
{
    char *string2;
    int size,i;
    size = strlen (string1);
    string2 = (char *) malloc (size + 1);
    for (i = 0; i <size; i++)
        string2[size - i] = string1[i];
    string2[size+1] = ' ';
    printf("The string afterward is %s\n", string2);
}
```

(1) 使用 Vi 编辑器（"vi Reverse.c"）输入以下代码，编辑完成后存盘退出。

(2) GDB 调试器的使用。

① 用 GCC 编译 Reverse.c 并加入调试信息：gcc -g Reverse.c -o Reverse。

② 运行 Reverse：./Reverse，查看输出结果是否正确。

③ 启动 GDB 调试：gdb Reverse。

参考调试步骤如下：

查看源代码：1

在 30 行(for 循环处)设置断点：b 30

在 33 行(printf 函数处)设置断点：b 33

查看断点设置情况：info b

运行代码：r

单步运行代码：n

查看暂停点变量值：p string2[size - i]

继续单步运行代码数次，并使用命令查看，发现 string2[size-1]的值正确

继续程序的运行：c

注意：程序在 printf 前停止运行，此时依次查看 string2[0]、string2[1]…，你找到程序运行结果不正确的原因了吗？

退出 GDB：q

(3) 重新编辑 Reverse.c 将源代码中的"string2[size - i] = string1[i];"改为"string 2[size - i-1] = string1[i];"，"string2[size+1] = ' ';"改为"string2[size+1] = '\0';"，并使用 GCC 重新编译，查看运行结果。

任务 6 编写 makefile 文件

实训目标

(1) 了解 makefile 的基本概念和基本结构；

(2) 掌握编写简单 makefile 文件的方法；

(3) 掌握利用 GNU make 编译应用程序的方法。

实训内容

1. 单个源程序文件 makefile 文件的编写

(1) 编辑源代码，利用文本编辑器 Vi 创建 hello.c 文件，使用命令"Vi hello.c"。

```
#include <stdio.h>
int main()
{
    printf("Welcome Embeded Linux!\n");
    return 1;
}
```

(2) 在同一目录下，创建并编写 makefile 文件，使用命令"Vi makefile"。

参考代码如下：

```
all: hello.o
    gcc hello.o － o hello
hello.o:hello.c
    gcc -c hello.c － o hello.o
clean:
    rm *.o hello
```

(3) 在 Linux 终端窗口中进入源程序及 makefile 文件所在目录，输入"make"命令，然后用"ls"命令查看当前目录下生成的文件，此时已生成可执行文件"hello"。

(4) 执行可执行文件 hello，观察运行结果是否正确。

(5) 使用自定义变量，修改 makefile 文件，然后使用 make 命令重新编译程序。

参考代码如下：

```
CC = gcc
all: hello
hello: hello.o
     $(CC) hello.o -o hello
hello.o: hello.c
     $(CC) -c hello.c -o hello.o
clean:
     rm *.o hello
```

2．多个源程序文件 makefile 文件的编写

以下代码实现了 $\sum n = 1 + 2 + 3 + \cdots + 100$ 的求和运算，编写一个 makefile 文件，对其进行编译。

```c
//mysum.c
int mysum(int n)
{
    int i = 1, s = 0;
    while(i <= n)
    {
        s = s+i;
        i++;
    }
    return (s);
}
//mysum.h
int mysum(int n);
#include <stdio.h>
//exsum.c
#include "mysum.h"
int main()
{
    int x = 100;
    int ss = 0;
    ss = mysum(x);
    printf("sum = %d\n", ss);
    return 0;
}
```

第3章　构建嵌入式 Linux 开发环境

由于嵌入式系统是专用的计算机系统，它的资源有限，因此嵌入式应用开发与 PC 机上通用软件的开发不同，需要采用交叉编译的方式。通过本章的学习，应掌握以下内容：

(1) 交叉编译环境的建立方法。

(2) PC 机与嵌入式实验箱/开发板的通信。

(3) 程序的下载/挂载执行。

(4) Windows 与 Linux 的数据共享。

3.1　建立交叉编译环境

3.1.1　什么是交叉编译

先来认识什么是宿主机和目标机？

宿主机(Host)：用来开发嵌入式软件的机器，通常是一台 PC 机。

目标机(Target)：是嵌入式软件运行的机器，是开发的目标嵌入式系统，通常是嵌入式开发板或实验箱。

交叉编译这个概念的出现是和嵌入式系统的广泛应用同步的。我们常用的计算机软件都是通过编译的方式，把使用高级计算机语言编写的代码(比如 C 代码)编译(Compile)成计算机可以识别和执行的二进制代码。比如，我们在 Windows 平台上，可使用 Visual C++ 开发环境、编辑程序并编译生成可执行代码。在这种方式下，我们在 PC 机上开发针对 PC 机本身的可执行程序，这种编译方式称为本机编译(Native Compilation)。绝大多数的 Linux 软件开发都是以本机编译方式进行的，即本机(Host)开发、调试，本机运行的方式。然而，在进行嵌入式系统开发时，运行程序的目标机通常具有有限的存储空间和运算能力，没有足够的资源在目标机上运行开发和调试工具，这是因为一般的编译工具链(Compilation Tool Chain)需要很大的存储空间，并需要很强的 CPU 运算能力。为了解决这个问题，交叉编译就应运而生了。

交叉编译，简单地说，就是在一个平台上生成在另一个平台上可执行的代码。要进行交叉编译，我们需要在 PC 机平台上安装对应的交叉编译工具链(Cross Compilation Tool Chain)，然后用这个交叉编译工具链编译源程序，最终生成可在目标平台(如 ARM 平台)上运行的代码。

交叉编译工具(Cross-compiler)是进行交叉平台开发的主要软件工具，它是运行在一种处理器体系结构上，但可以生成在另一种不同的处理器体系结构上运行的目标代码的编译器。

嵌入式系统软件的开发通常采用如图 3-1 所示的"宿主机—目标板"开发模式，交叉编译工具安装在宿主机(即一台 PC 机)上，开发时使用宿主机上的交叉编译、汇编及链接工具形成可执行的二进制代码，然后把可执行文件下载到目标机上运行(注：这种可执行代码并不能在宿主机上运行，只能在目标板上运行)。即利用宿主机(PC 机)上丰富的软硬件资源及良好的开发环境和调试工具来开发目标板上的软件，然后通过交叉编译工具生成目标代码和可执行文件，通过以太网/串口/USB 等方式将程序挂载或烧写/固化到目标机上，完成整个开发过程。

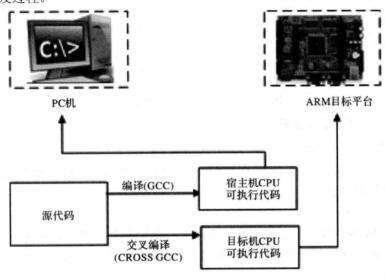

图 3-1　"宿主机—目标板"开发模式

3.1.2　建立交叉编译环境

我们可以直接使用制作好的交叉编译工具链，也可以自己制作。对于初学者，一般直接使用制作好的工具链。这些工具可在购买硬件平台时由开发商提供或者在互联网上自己下载。

下面以安装 UP-CUP S2410 实验箱的交叉编译工具为例，认识交叉编译工具的安装过程。

1．安装交叉编译环境

(1) 将 Linux 安装光盘放入光驱(如果没有光盘，可使用软件工具制作 .iso 镜像文件，按 2.1.1 节所述的镜像文件光盘挂载的方法)，然后进入终端方式，输入以下命令：

　　#cd /mnt/cdrom

如果使用.iso 镜像文件，可使用以下命令挂载：

　　#mount /dev/cdrom /mnt/cdrom

也可以按照本章 3.3 节所述方法，将 Windows 下的文件在虚拟机 Linux 下共享。

(2) 进入光盘 Linux 目录，执行 install.sh 命令：

　　# cd Linux

　　#./install.sh

安装脚本文件，自动完成安装过程。执行结束后，交叉编译器(armv4l-unknown-linux-gcc)会安装在 /opt/host/armv4l/bin 目录下，库文件会安装在 /opt/host/armv4l/lib 目录下，头文件会安装在 /opt/host/armv4l/include 目录下。

上述步骤及命令执行过程如图 3-2 所示。

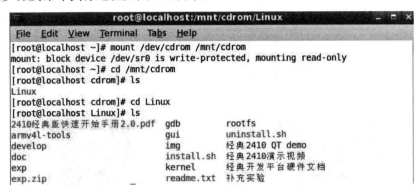

图 3-2　交叉编译工具的安装过程

2．配置和测试交叉编译器

1) 修改文件/etc/profile

为了可以在任何目录下直接使用上述交叉编译器，我们需要修改文件/etc/profile。在上面同一个终端窗口中输入下列命令：

　　#vi /etc/profile

这时，在 Vi 编辑器所显示的 profile 文件中，单击键盘 I 键，进入 Vi 编辑器的输入状态(Insert)，通过键盘上下键移动光标到有 pathmunge 命令语句处，单击回车另起一行，输入以下命令语句：

　　# pathmunge /opt/host/armv4l/bin

结果如图 3-3 所示。

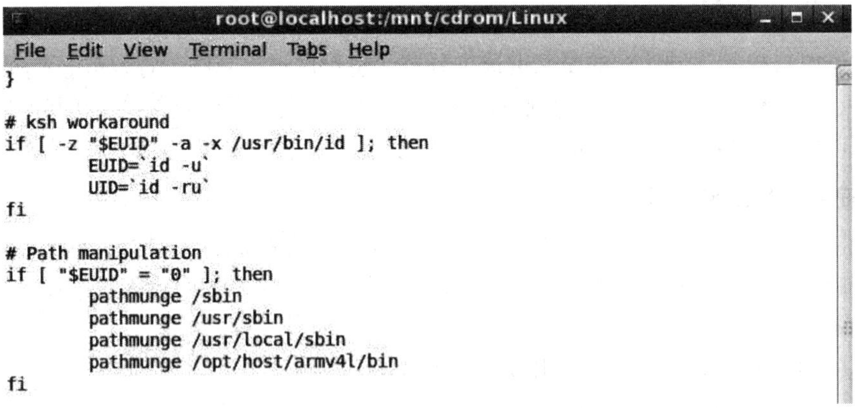

```
root@localhost:/mnt/cdrom/Linux                    _ □ ×
File  Edit  View  Terminal  Tabs  Help

}

# ksh workaround
if [ -z "$EUID" -a -x /usr/bin/id ]; then
        EUID=`id -u`
        UID=`id -ru`
fi

# Path manipulation
if [ "$EUID" = "0" ]; then
        pathmunge /sbin
        pathmunge /usr/sbin
        pathmunge /usr/local/sbin
        pathmunge /opt/host/armv4l/bin
fi
```

图 3-3　添加编译器路径

按 Esc 键进入 Vi 编辑器的底行模式，从键盘输入：wq，按回车键保存并退出 Vi 编辑器。

2) 重新登录

单击 Log Out 重新以 root 身份登录 Linux 操作系统。

3) 安装测试

打开一个终端窗口(Terminal)，输入以下命令进行测试：

　　#armv4l-unknown-linux-gcc -v

如果安装成功，则会显示版本信息，结果如图 3-4 所示。

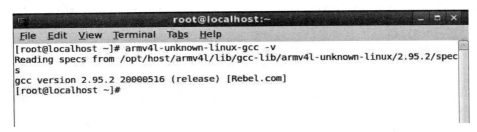

图 3-4　交叉编译器测试

3.1.3　交叉编译实例

针对 2.3.1 节代码 hello.c，编写 makefile 文件如下：

hello:hello.o

　　　armv4l-unknown-linux-gcc hello.o -o hello

hello.o:hello.c

　　　armv4l-unknown-linux-gcc -c hello.c -o hello.o

clean:

　　　rm *.o hello

从终端输入 make 命令，交叉编译过程如下：

armv4l-unknown-linux-gcc -c hello.c -o hello.o

armv4l-unknown-linux-gcc hello.o -o hello

输入以下命令查看生成的可执行文件 hello 的类型：

[root@localhost baobao]# file hello

结果如下：

hello: ELF 32-bit LSB executable, ARM, version 1, dynamically linked(uses share d libs),

for GNU/Linux 2.0.0, not stripped

从运行结果可以看出，hello 的文件类型为 ARM，说明交叉编译成功，将可执行文件 hello 下载或者挂载到 UP-CUP S2410 实验箱即可正常运行。

3.2　宿主机与目标机之间的通信

交叉编译后的目标文件在宿主机上，要使其能在 ARM 目标机上执行，需要建立宿主 PC 机与实验箱/开发板的通信环境，可以将 PC 机的超级终端作为目标机的显示窗口，实验箱/开发板的启动过程将会在超级终端上显示；对实验箱/开发板进行的任何操作也都会在 PC 机超级终端窗口中显示。

3.2.1　连接宿主 PC 机与 ARM 目标板

在宿主机与 ARM 目标板通信之前，首先需要将其通过通信线路连接，下面以 UP-CUP

S2410 实验箱为例介绍具体步骤：

(1) 连接电源，将 12 V 电源线的一端连到 UP-CUP S2410/2440 实验箱的电源接口，另一端与电源插座连接。

(2) 用一根串口线将宿主 PC 机的串口与 UP-CUP S2410/2440 实验箱的串口 0(RS232-0)相连。

(3) 用一根交叉对接网线将宿主 PC 机的网口与 UP-CUP S2410/2440 实验箱的网口(NET)相连。

(4) 用一根直通并口线分别连接 PC 的并口 LPT1 口和 UP-CUP S2410/2440 实验箱的并口槽(烧写系统时才需要执行这一步骤)。

注意：

(1) 在串口线连接时，UP-CUP S2410/2440 实验箱必须处于断电状态。

(2) 若使用的是无串口的笔记本电脑，那么可以使用一根 USB 口转串口的连接线连接 PC 机与 UP-CUP S2410/2440 实验箱的 RS232-0 口。

(3) 若使用的是嵌入式开发板，连接过程与上述步骤类似，也可以参考开发板自带操作手册。

3.2.2 Windows 超级终端

可以使用 PC 机上的超级终端连接 ARM 开发板，下面以 Windows XP 操作系统下超级终端的配置过程为例进行介绍。

1. 建立超级终端

启动一台安装有 Windows XP 操作系统的机器，点击“开始”—“所有程序”—“附件”—“通讯”—“超级终端(HyperTerminal)”。

请注意：在 Windows XP 操作系统下，初次建立超级终端的时候，会出现如图 3-5 所示的对话框，请在“□”中打上“√”，并选择“否”。

如果要求输入区号、电话号码等信息可随意输入，出现如图 3-6 所示的对话框时，需要为所建超级终端取名，可输入任意字符串，在此输入 arm-sprife，也可以为其选一个图标。然后单击“确定”按钮。

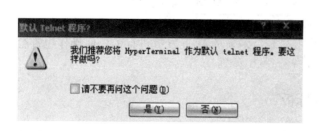

图 3-5 超级终端运行提示   图 3-6 命名超级终端

2. 串口参数设置

在接下来的对话框中选择 ARM 开发平台实际连接的 PC 机串口(如 COM1)，按确定后出现如图 3-7 所示的属性对话框，设置串口通信参数。例如，设置波特率为 115200，数据位为 8，奇偶校验为无，停止位为 1，数据流控制为无。然后按"确定"完成设置。

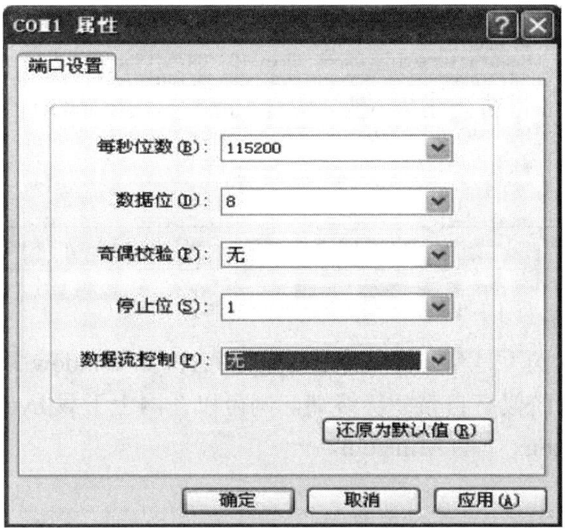

图 3-7　串口参数设置

完成新建超级终端的设置以后，可以选择超级终端文件菜单中的"另存为"，把设置好的超级终端保存在磁盘上，以备后用。

3. 启动目标机

用串口线将 PC 机串口和目标机 UART0 正确连接后，打开电源开关，启动目标机，就可以在超级终端上看到目标机的启动信息了。系统由 ViVi 开始引导，当看到提示"Press Return to start the LINUX now, any other key for vivi"时，不进行任何操作等待 30 秒或按回车键启动进入 Linux 系统，若出现图 3-8 所示画面，则已经进入了实验箱的/mnt/yaffs 目录，表示超级终端与 UP-CUP S2410 实验箱连接正确，并能进行正常通信。

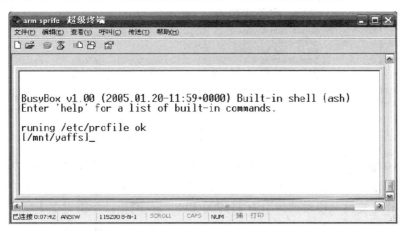

图 3-8　实验箱 Linux 操作系统正常启动

如按除回车键外的其他键则进入 ViVi 控制台，如图 3-9 所示。

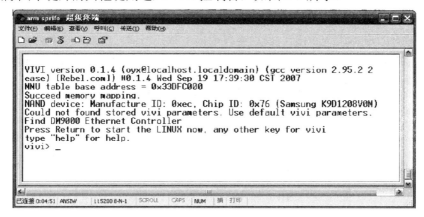

图 3-9　ViVi 控制台

注意：如果您使用的不是 Windows XP 操作系统(例如 Window 7、Window 8 或 Window 10 操作系统)，操作系统没有自带超级终端，则可以在网上下载 hypertrm 等超级终端软件或参照 3.2.3 节使用 Linux 下的 Minicom。

3.2.3　配置 Minicom

Linux 下，我们使用 Minicom 作为目标机的终端显示窗口，Minicom 与 Windows 下的超级终端类似，下面给出配置过程。

在启动目标机之前，先需要正确地配置 Minicom。在宿主机端打开一个终端窗口 (Terminal)，输入下列命令进入图 3-10 所示的配置选择窗口：

　　#minicom –s

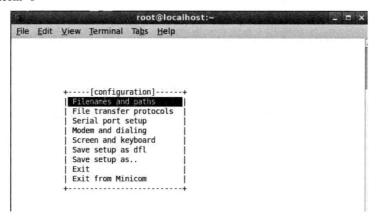

图 3-10　Minicom 配置选择窗口

在图 3-10 中，通过移动键盘上下键选择 "Serial port setup" 选项，然后按回车键，进入图 3-11 所示的配置界面。单击键盘 A 键，输入 /dev/ttyS0，回车；单击键盘 E 键后，单击键盘 I 键和 Q 键设置传输波特率为 115200 和 8N1，回车；单击键盘 F 键，将硬件控制流设为 NO 选项，回车；通过移动键盘上下键选择 "Save setup as df1" 选项，单击回车，完成设置。通过移动键盘上下键选择 Exit 退回到 Minicom 界面，表示已经进入了 Minicom

的终端窗口。此时启动 UP-CUP S2410 实验箱/开发板，就能在 Minicom 窗口看到实验箱 Linux 操作系统的启动过程，如图 3-12～图 3-14 所示。图 3-15 所示为进入实验箱/mnt/yaffs 文件目录。

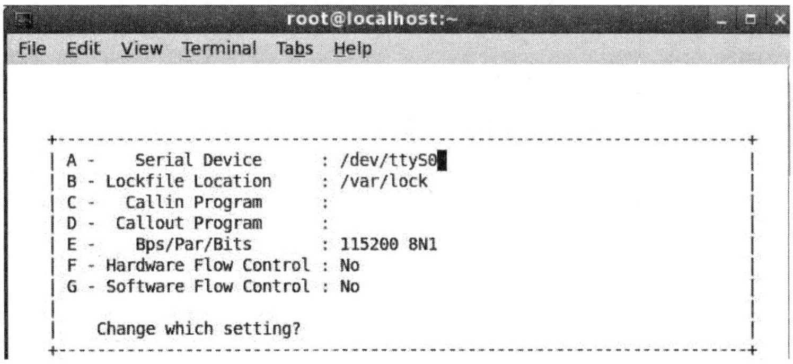

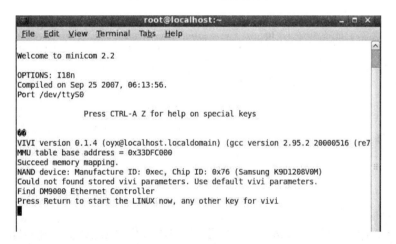

图 3-11　Minicom 配置界面

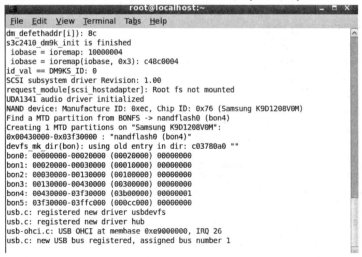

图 3-12　看到提示"Press Return to start the LINUX now, any other key for vivi"时按回车键

图 3-13　实验箱 Linux 操作系统启动

```
                          root@localhost:~                        _ □ ×
 File  Edit  View  Terminal  Tabs  Help
hub.c: USB hub found
hub.c: 4 ports detected
usbmouse.c: v1.6:USB HID Boot Protocol mouse driver
Initializing USB Mass Storage driver...
usb.c: registered new driver usb-storage
USB Mass Storage support registered.
mice: PS/2 mouse device common for all mice
NET4: Linux TCP/IP 1.0 for NET4.0
IP Protocols: ICMP, UDP, TCP, IGMP
IP: routing cache hash table of 512 buckets, 4Kbytes
TCP: Hash tables configured (established 4096 bind 4096)
NET4: Unix domain sockets 1.0/SMP for Linux NET4.0.
NetWinder Floating Point Emulator V0.95 (c) 1998-1999 Rebel.com
VFS: Mounted root (cramfs filesystem).
Mounted devfs on /dev
Freeing init memory: 64K
yaffs: dev is 7937 name is "1f:01"


BusyBox v1.00 (2005.01.20-11:59+0000) Built-in shell (ash)
Enter 'help' for a list of built-in commands.

runing /etc/profile ok
[/mnt/yaffs]
```

图 3-14   实验箱 Linux 操作系统正常启动完成

```
[/mnt/yaffs]ls
Qtopia        dc-motor     ide          lib          sound         video
ad            exp          init.sh      lost+found   spca5xx.o     videodev.o
baoliqun      fingermap    int_test     miniprint    touchscreen   web
bluetooth     fpga         irda         mplayer      tube_test
can           gps_gprs     kbd_gpm      pc_cfcard    uart485
da            iccard       keyboard     sdcard       v4lcap
[/mnt/yaffs]cd ..
[/mnt]ls
hdap1    hdap2    hdap3    hdbp1    nfs      sdcard   udisk    yaffs
[/mnt]
```

图 3-15   实验箱/mnt/yaffs 文件目录

如果硬件平台是 UP-CUP S2440 实验箱，则其启动过程如图 3-16 所示，启动后进入图 3-17 所示的界面。

图 3-16   UP-CUP S2440 实验箱启动过程

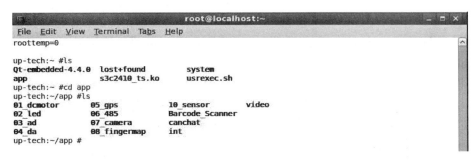

图 3-17　UP-CUP S2440 实验箱启动完成

3.2.4　配置 NFS 服务

1. 选择 NFS 服务

在宿主 PC 机端，打开一个终端窗口(Terminal)，输入下列命令：

　　#setup

进入设置界面后，通过键盘上下键选择"System services"，回车后进入图 3-18 所示的界面，使用空格键将"nfs"一项选中(出现 * 表示选中，如图 3-18 所示)，并使用空格键去掉"iptables"服务(即去掉它前面的 * 号，如图 3-19 所示)；然后单击键盘 Tab 键选中"OK"退出，再次单击键盘 Tab 键选中"Quit"退出整个设置界面。

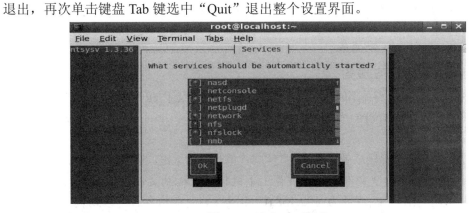

图 3-18　选中 NFS 服务

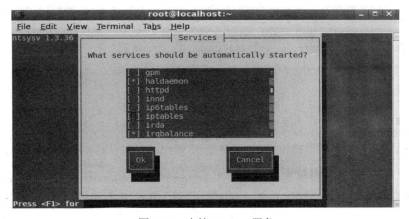

图 3-19　去掉 iptables 服务

2．设置防火墙

通过键盘上下左右方向键选择"Firewall Configuration"，使用键盘 Tab 键移到"Disabled"选项，并用空格键将其选中，如图 3-20 所示。然后单击键盘 Tab 键选中"OK"退出到设置主界面。最后再次单击键盘 Tab 键选中"Quit"退出整个设置界面。

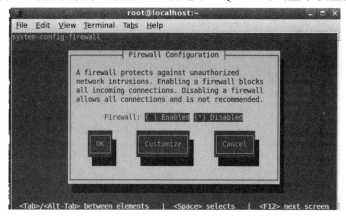

图 3-20　Firewall 配置界面

3．配置宿主机(NFS 服务)IP 地址

在宿主 PC 机端，打开一个终端窗口(Terminal)，输入下列命令配置宿主机(NFS 服务)的 IP 地址为 192.168.0.100：

```
#ifconfig eth0 192.168.0.100 up
```

4．指定用户访问 NFS 服务

在上面打开的同一个终端窗口(Terminal)中，修改根目录下 etc 目录中的 exports 文件，输入下列命令打开文件 exports：

```
#vi /etc/exports
```

这时，在 Vi 编辑器所显示的 exports 文件中，单击键盘 I 键，进入 Vi 编辑器的输入状态(Insert)，通常这是一个空文件。通过键盘上下键移动光标到文件顶端，输入如图 3-21 所示的语句，设置允许 IP 地址为 192.168.0.*的网段的所有机器都可以访问 IP 地址为 192.168.0.100 的宿主 PC 机的根目录(/)。如果 exports 不是空文件，则另起一行输入。

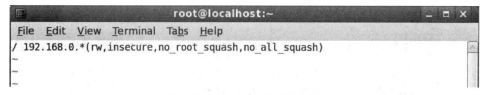

图 3-21　exports 文件编辑界面

按照图 3-21 所示输入完成后，单击 Esc 键进入 Vi 编辑器的命令行模式，然后单击键盘输入：wq，保存已编辑的 exports 文件并退出 Vi 编辑器。

5．重新启动 NFS 服务使配置生效

在上面打开的同一个终端窗口(Terminal)中，输入下列 2 条相同的命令，重新启动 NFS 服务：

#service nfs restart

#service nfs restart

若出现下列打印信息，则表示宿主 PC 机重新启动了 NFS 服务：

Shutting down NFS mountd: [OK]

Shutting down NFS daemon: [OK]

Shutting down NFS quotas: [OK]

Shutting down NFS services: [OK]

Starting NFS services: [OK]

Starting NFS quotas: [OK]

Starting NFS daemon: [OK]

Starting NFS mountd: [OK]

当设置生效后，NFS 就可以正常使用了。

6．实验箱/开发板挂载宿主机目录

配置实验箱/开发板的 IP 地址，使其在宿主机的同一个网段，例如使用如下命令设置为 192.168.0.100，然后在超级终端挂载 NFS 服务器目录(注：此目录为将要在实验箱/开发板上执行的目标文件所在目录)。以下以在 UP-CUP S2410 实验箱上挂载宿主机目录为例进行验证：

[/mnt/yaffs] ifconfig eth0 192.168.0.100 up　　　　　　　　　　　　　　//超级终端中

[/mnt/yaffs] mount -t nfs -onolock 192.168.0.30:/home /mnt　　　　　　//超级终端中

上述命令将宿主机的/home 目录挂载到实验箱/mnt 目录下，此时进入实验箱/mnt 目录，看到的将是宿主机/home 目录下的内容，如图 3-22 所示，在此运行宿主机上的是执行文件即是在实验箱上运行。

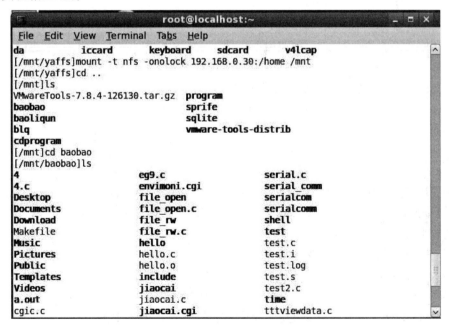

图 3-22　实验箱挂载宿主机目录

3.3　Windows-Linux 文件共享

在嵌入式系统应用开发中，如果采用的是在虚拟机中安装 Linux 操作系统，则需要在 Windows 和 Linux 操作系统之间共享文件。以下介绍在 Windows 操作系统与 Linux 虚拟机之间进行文件共享的方法。

3.3.1　使用虚拟机的共享文件夹功能

使用 Vmware 下 Shared Folders 功能实现 Vmware 中 Host 与 Ghost 间文件传输时，无需任何网络相关设置，不使用任何网络协议，Host 和 Ghost 可以是 Linux 和 Windows 操作系统。这里只介绍 Host 是 Windows、Ghost 是 Linux 下的设置，如图 3-23 所示。

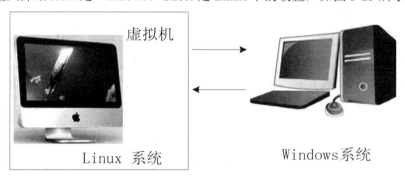

图 3-23　在 VMware 虚拟机中设置 Windows 与 Linux 系统文件共享

1.　安装 VMTools for Linux

在 VMware Workstation 虚拟机中单击 VM 菜单，在弹出的下拉菜单中选择"install VMware Tools..."命令(注：此菜单在启动虚拟机 Linux 操作系统后才能使用)进行安装。安装结束后，VMTools 的安装文件放在 VMware 虚拟机的 cdrom 中。首先要挂载上这个光驱才能找到安装文件，使用以下命令挂载光驱：

　　　#mkdir /mnt/cdrom(已有时不需要再创建)

　　　#mount /dev/cdrom /mnt/cdrom

　　　#cd /mnt/cdrom

　　　#tar -zxvf VMwareTools-5.5.3-34685.tar.gz /tmp　　　//把安装文件解压到/tmp

(注：如果提示 tar: /tmp not found in archive 错误，则把 VMwareTools-8.8.0-471268.tar.gz 文件拷贝到/tmp 目录下，然后切换到/tmp 目录下，输入命令 tar -zxvf VMwareTools-8.8.0-471268.tar.gz 解压即可)

然后输入以下命令运行安装脚本：

　　　#cd /tmp/vmware-tools-distrib

　　　#./vmware-install.pl

在这里，安装程序会询问安装文件的存放位置和设置分辨率等一系列问题。在大多数情况下，安装默认配置 VMware Tools 就可以正常工作，因此，这里对每一个问题按回车键选择默认配置。

　　安装完以后，VMware 会添加一个 VMhgfs 的模块到内核中，可以使用 lsmod 命令查看。安装过程如图 3-24 所示。

```
[root@localhost cdrom]# mount /dev/cdrom /mnt/cdrom
mount: block device /dev/sr0 is write-protected, mounting read-only
[root@localhost cdrom]# cd /mnt/cdrom

[root@localhost cdrom]# cp VMwareTools-8.8.0-471268.tar.gz /tmp

[root@localhost tmp]# tar -zxvf VMwareTools-8.8.0-471268.tar.gz

[root@localhost tmp]# cd vmware-tools-distrib
[root@localhost vmware-tools-distrib]# ls
bin  doc  etc  FILES  INSTALL  installer  lib  vmware-install.pl
[root@localhost vmware-tools-distrib]# ./vmware-install.pl
```

图 3-24　VMTools 安装过程

2. 设置 Host Computer 共享目录

　　在 Ghost Computer 中切换到 Windows 桌面，选择 VMware Workstation 虚拟机界面的 "Options" 选项卡，选中 "Shared Folders" 选项，点击对话框右下的 "Add" 按钮，选择 Windows 下共享目录，假设为 "D:\share"。

　　接下来选择共享的方式："Always enabled" 方式是指这个共享长期有效，目录可读写；"Disable" 方式是指这个共享无效，不能使用；"Enabled until next power off or suspend" 方式是指下次 Ghost Computer 被关闭或挂起后，共享将会失效。如图 3-25 所示，选择 "Always enabled" 选项，然后点击 "OK"。

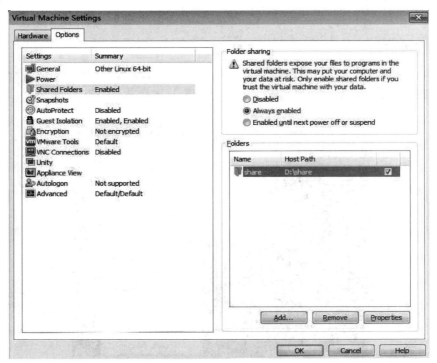

图 3-25　设置主机共享目录

3. 共享目录 Shared Folder 在 Linux 下的使用

切换到 Linux 操作系统，在终端执行如下命令：

    #cd /mnt/hgfs

    #ls

此时就可以看到"D:\share"共享目录了，并且可以用 cp 命令实现 Windows 到 Linux，Linux 到 Windows 的读写操作了。

3.3.2 配置 Linux Samba 服务器

1. 创建 Samba 用户

进入 Linux 用户管理界面，添加用户信息，如图 3-26 所示。

图 3-26　添加 Samba 用户

2. 在图形环境下配置 Samba 服务器

Linux 为 Samba 提供了图形界面配置工具，选择"System"→"Administration"→"Samba"(如图 3-27 所示)进入 Samba 服务器配置界面，如图 3-28 所示。

图 3-27　选择 Samba 服务器配置

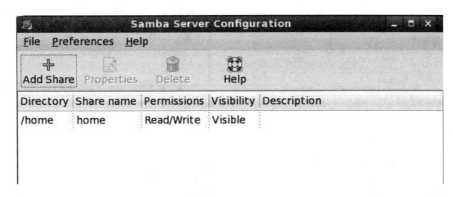

图 3-28　Samba 服务器配置界面

1) 添加 Samba 用户

在图 3-29 中单击"Preferences"菜单，选择"Samba Users"命令，添加 Samba 用户。

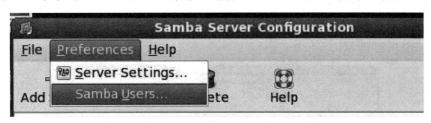

图 3-29　选择 Samba Users 命令

点击 Samba 下的"User and Groups"选项，添加用户信息，单击"Add User"按钮，选择刚创建的 blq 用户，并设置 Windows 用户名和密码，如图 3-30 所示。

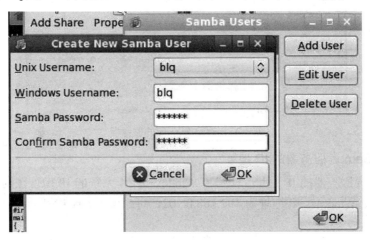

图 3-30　添加 Samba 用户

2) 设置共享目录及权限信息

单击"Add Share"按钮(如图 3-28 所示)设置服务器属性。在图 3-31 和图 3-32 中添加共享目录和共享用户，如果允许所有用户访问 Samba 服务器，可在图 3-32 中选择"Allow access to everyone"选项。

图 3-31 设置共享目录

图 3-32 设置共享用户

3. 启动 Samba 服务器

进入"Service Configuration"界面,选中 smb 服务,单击"Start"按钮,启动 Samba 服务器,如图 3-33 所示。

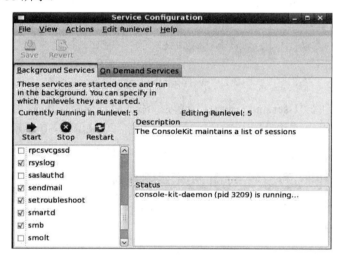

图 3-33 启动 Samba 的服务器

4. 配置 Samba 服务器的 IP 地址

配置 Samba 服务器的 IP 地址,使其和 Windows 操作系统的 IP 地址在同一个网段。在本台计算机上,Windows IP 地址为 192.168.0.102,可配置 Linux IP 地址为 192.168.0.10,如图 3-34 所示。

```
[root@localhost ~]# ifconfig eth0 192.168.0.10 up
[root@localhost ~]# ping 192.168.0.102
PING 192.168.0.102 (192.168.0.102) 56(84) bytes of data.
64 bytes from 192.168.0.102: icmp_seq=1 ttl=64 time=3.52 ms
64 bytes from 192.168.0.102: icmp_seq=2 ttl=64 time=0.692 ms
64 bytes from 192.168.0.102: icmp_seq=3 ttl=64 time=0.522 ms
64 bytes from 192.168.0.102: icmp_seq=4 ttl=64 time=0.754 ms
```

图 3-34 配置 IP 地址使其和 Windows 在同一个网段

5．在 Windows 下访问 Samba 服务器

在 Windows 操作系统下单击"开始"→"运行"命令，输入"\\\\192.168.0.10"，如图 3-35 所示，回车后弹出输入用户名和密码的对话框，正确输入后即可进入 Samba 服务器共享目录。此时即可在 Windows 操作系统下操作 Linux 共享目录，如图 3-36 所示。

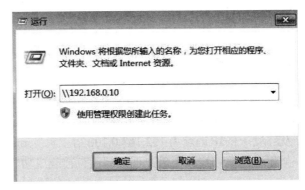

图 3-35　在运行界面输入 Samba 服务器的 IP 地址

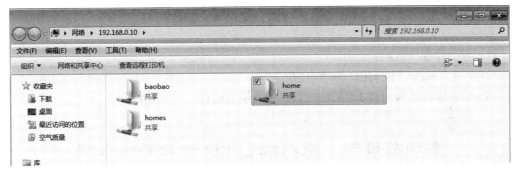

图 3-36　Windows 下访问 Linux 共享目录

至此完成了 Windows 下访问 Linux 共享目录的过程。

习　题　3

1．选择题

(1) 使用 Host-Target 联合开发嵌入式应用程序，(　　)不是必须的。

A. 宿主机　　　　　　B. 银河麒麟操作系统　　　C. 目标机　　D. 交叉编译器

(2) 如果生成通用计算机上 Linux 操作系统下能够执行的程序，则使用的 C 编译器是(　　)。

A. TC　　　　　　　　B. VC　　　　　　　　C. GCC　　　　D. arm-linux-gcc

(3) 创建根文件系统映像文件使用的工具是(　　)。

A. BusyBox　　　　　　B. cramfs　　　　　　C. make　　　D. Vi

2．填空题

(1) Linux 系统中具有超级权限的用户称为_____用户。

(2) 嵌入式软件开发所采用的编译过程为_____编译。

(3) 在嵌入式软件开发中，将程序实际的运行环境称为_____机。

(4) 当宿主机使用 Linux 操作系统的 Minicom 操作实验箱时，宿主机和实验箱之间利用_____口来传输数据。

(5) 流行的 Linux Bootloader 有_____、_____和_____。

3．简答题

(1) 简述嵌入式开发环境的搭建过程。

(2) 什么是宿主机、目标机、交叉编译？嵌入式软件的开发为何使用交叉编译的方式？

(3) 在嵌入式开发环境搭建中，软件 Minicom 的功能是什么？简述 UP-CUP2410 实验箱上，Minicom 配置的波特率和数据位分别是多少。

(4) 在 Linux 开发环境下将 IP 地址为 192.168.0.100 宿主机/home 目录挂载到目标机/mnt下的命令是什么？ 如果命令参数输入正确，但是却没有挂载成功，可能的原因是什么？

4．编程题

编写一个简单 C 程序，输出 "Hello,I love embedded Linux!"，并在 Linux 下编译生成可执行文件。

要求：

(1) 写出源程序代码；

(2) 写出 Linux 下的 GCC 编译语句。

(3) 如果要将此程序在 UP-CUP 2410 实验箱上运行，应如何编译？

实训项目三   嵌入式 Linux 开发环境配置

任务 1   配置 Minicom

实训目标

学会配置宿主 PC 机端的 Minicom，使宿主 PC 机与 ARM 目标板/实验箱可以通过串口进行通信。

实训环境

硬件：PC 机一台，ARM 目标板或嵌入式实验箱(以下内容以 UP-CUP S2410 实验箱为例介绍，其他平台类似)。

软件：宿主 PC 机安装 Linux 操作系统。

实训内容

1．宿主 PC 机与 ARM 目标板/实验箱之间硬件的连接

(1) 将电源线分别连接 UP-CUP S2410 实验箱与电源插座。

(2) 用一根串口线将宿主 PC 机的串口与 UP-CUP S2410 实验箱的串口 0(RS232-0)相连。

(3) 用一根交叉对接网线将宿主 PC 机的网口与 UP-CUP S2410 实验箱的网口(NET)相连。

2．配置 Minicom

Minicom 类似 Windows 下面的超级终端，我们利用 Minicom 作为 UP-CUP S2410 实验箱的终端显示窗口，首先需要正确配置 Minicom。打开宿主机端一个终端窗口(Terminal)，点击"System Tools"—"Terminal"启动终端窗口，输入下列命令：

> #minicom –s

进入 configuration 配置界面，设置参数：波特率为 115200，数据位为 8 位，停止位为 1 位，无校验，硬件和软件控制流为无。

3．通过 Minicom 进入嵌入式实验箱

启动实验箱电源，如果在超级终端窗口看到实验箱 Linux 启动过程，则表示上述配置正确，此时便可通过超级终端窗口操作 UP-CUP S2410 实验箱了。

注意：

(1) 请务必按照上述参数设置超级终端，否则即便正确连接了宿主 PC 机和 UP-CUP S2410/2440 实验箱，并给目标板通电后，在超级终端中也无法看到目标板的启动信息。

(2) 可以在宿主 PC 机端新建和配置完成一个超级终端界面后，再给实验箱或者 ARM 目标板上电，这样就可以清楚地看见 UP-CUP S2410 实验箱启动 Linux 系统的过程。

(3) 若使用的是无串口的笔记本电脑，那么可以使用一根 USB 口转串口的连接线连接装有 Windows 操作系统的 PC 机与 UP-CUP S2410 实验箱的 RS232-0 口。

任务 2　安装、配置、测试交叉编译环境

实训目标

学会安装、配置、测试交叉编译环境。

实训环境

硬件：PC 机一台，ARM 目标板或嵌入式实验箱(以下内容以 UP-CUP S2410 实验箱为例介绍，其他平台类似)。

软件：宿主 PC 机安装 Linux 操作系统。

实训内容

1．共享安装文件

将 Linux 安装光盘放入光驱(如果没有光盘，可使用镜像文件挂载的方法，或者按照本章 3.3 节所述方法，将 Windows 下的安装包在虚拟机 Linux 下共享)，然后进入终端方式，并输入以下命令：

> #cd /mnt/cdrom

如果使用.iso 镜像文件，可使用以下命令挂载：

> #mount /dev/cdrom /mnt/cdrom

2．执行安装脚本文件

进入 Linux 文件夹，执行 install.sh 命令如下：

> #cd Linux

#./install.sh

此时安装脚本文件，自动完成安装过程。执行结束后，交叉编译器(armv4l-unknown-linux-gcc)会安装在 /opt/host/armv4l/bin 目录下。

3．配置和测试交叉编译器

1) 修改文件 /etc/profile

修改 /etc/profile 文件，使得交叉编译器可以在任何目录下直接使用。在上面同一个终端窗口中输入下列命令：

#vi /etc/profile

这时，您将进入 Vi 编辑器所显示的 profile 文件，单击键盘 I 键，进入 Vi 编辑器的输入状态(Insert)，通过键盘上下键移动光标到有 pathmunge 的命令语句处，单击回车另起一行，输入下列语句：

pathmunge /opt/host/armv4l/bin

按 Esc 键进入 Vi 编辑器的底行模式，从键盘输入:wq，按回车键保存并退出 Vi 编辑器。

2) 重新登录

单击 Log Out 重新以 root 身份登录 Linux 操作系统。

4．测试交叉编译环境

打开一个终端窗口(Terminal)，输入如下命令：

#armv4l-unknown-linux-gcc -v

若安装成功，则显示版本信息。

任务 3　配置 NFS 服务

实训目标

学会配置 NFS 服务。

实训环境

硬件：PC 机一台，ARM 目标板或嵌入式实验箱(以下内容以 UP-CUP S2410 实验箱为例介绍，其他平台类似)。

软件：宿主 PC 机安装 Linux 操作系统。

实训内容

(1) 在宿主 PC 机端打开一个终端窗口(Terminal)，点击"System Tools"→"Terminal"启动终端窗口，输入下列命令执行：

#setup

进入设置界面后，通过键盘上下键选择"System services"，回车后，使用空格键将"nfs"一项选中(出现[*]表示选中)，并使用空格键去掉"ipchains"和"iptables"两项服务(即去掉它们前面的 * 号)；然后单击键盘 Tab 键选中 OK 退出，再次单击键盘 Tab 键选中 Quit 退出整个设置界面。

然后通过键盘上下键选择"Firewall configuration"，使用键盘 Tab 键移到"No firewall"，

并用空格键将其选中；然后单击键盘 Tab 键选中 OK 退出到设置主界面；最后，再次单击键盘 Tab 键选中 Quit 退出整个设置界面。

(2) 在宿主 PC 机端，打开一个终端窗口(Terminal)，输入下列命令配置 NFS 服务器的 IP 地址：

```
#ifconfig eth0 192.168.0.100 up
```

(3) 在上面打开的同一个终端窗口(Terminal)中，输入下列命令修改根目录下 etc 目录中的 exports 文件。

```
#vi /etc/exports
```

这时，您将进入 Vi 编辑器所显示的 exports 文件。编辑 exports 文件，设置指定用户访问 NFS 服务器，即允许"指定用户"访问宿主 PC 机。单击键盘 I 键，进入 Vi 编辑器的输入状态(Insert)，通常这是一个空文件。通过键盘上下键移动光标到文件顶端，输入下列语句，若不是空文件，则另起一行输入。

```
/ 192.168.0.*(rw,insecure,no_root_squash, no_all_squash)
```

上述语句输入完成后，单击 Esc 键进入 Vi 编辑器的命令行模式，然后单击键盘输入：wq，保存已编辑的 exports 文件并退出 Vi 编辑器。

(4) 在上面打开的同一个终端窗口(Terminal)中，输入下列 2 条相同的命令重新启动 NFS 服务：

```
# service nfs restart
# service nfs restart
```

若出现下列打印信息，则表示宿主 PC 机重新启动了 NFS 服务。

```
Shutting down NFS mountd: [ OK ]

Shutting down NFS daemon: [ OK ]

Shutting down NFS quotas: [ OK ]

Shutting down NFS services: [ OK ]

Starting NFS services: [ OK ]

Starting NFS quotas: [ OK ]

Starting NFS daemon: [ OK ]

Starting NFS mountd: [ OK ]
```

当我们的设置生效后，即表示允许 IP 地址为 192.168.0.*的网段的所有机器都可以访问 IP 地址为 192.168.0.100 的宿主 PC 机的根目录(/)。

现在 NFS 就可以使用了。

(5) 开发板挂载宿主机目录。配置开发板或实验箱的 IP 地址，使其和宿主机在同一个网段，然后使用 mount 命令将宿主机文件挂载至开发板或实验箱执行。

```
[/mnt/yaffs] ifconfig eth0 192.168.0.110 up                          //超级终端中
[/mnt/yaffs] mount -t nfs -onolock 192.168.0.100:/home/program   /mnt    //超级终端中
```

第4章 文件处理与多任务编程

Linux 系统把设备都当做文件进行处理，对嵌入式系统外围设备和接口(如数据采集传感器、串口等)的操作都是按照文件的方式进行的。Linux 是一个多任务操作系统，通常一个任务是程序的一次执行，一个任务包含一个或多个完成独立功能的子任务，这些独立的子任务就是进程或线程。在复杂的应用中，用户通常需要使用多个进程来执行有关操作，进程之间必须通过通信实现资源共享。线程是一个进程内部的一个控制序列，它是一种非常"节俭"的多任务操作方式，使用多线程有什么优点呢，本章将通过实例分别进行介绍。通过本章的学习，应掌握以下内容：

(1) 文件的打开、定位、读、写等操作。

(2) 编程实现通过串口收发数据。

(3) 进程的概念、进程创建与进程控制等系统调用。

(4) 管道、信号量等进程间通信的方式。

(5) 编写 Linux 守护进程。

(6) Linux 多线程编程的方法。

(7) 通过互斥锁、信号量等方法实现多线程的同步与互斥。

4.1 系统调用和文件描述符

Linux 提供的虚拟文件系统为多种文件系统提供了统一的接口，Linux 下的文件编程有两种途径：基于 Linux 系统调用和基于 C 语言库函数。基于 C 语言库函数的文件操作方法在"C 语言程序设计"相关教材中都有介绍，本节介绍基于 Linux 系统调用的文件处理方法。

4.1.1 系统调用

在 Linux 中，为了保护内核空间，将程序的运行空间分为内核空间和用户空间(内核态和用户态)，它们在逻辑上是相互隔离的，用户进程通常不允许访问内核数据，也无法使用内核函数，它们只能在用户空间操作用户数据，调用用户空间的函数。操作系统为用户提供了两个接口：一个是用户编程接口 API，另一个是系统调用，编程人员使用系统调用来请求操作系统提供服务。

系统调用是操作系统提供给用户程序调用的一组"特殊"接口，用户程序可以通过这组接口获得操作系统内核提供的服务。进行系统调用时，程序运行空间需要从用户空间进入内核空间，处理后再返回到用户空间，如图 4-1 所示。

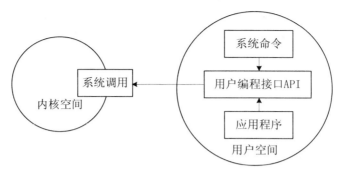

图 4-1 Linux 系统调用

4.1.2 文件及文件描述符

Linux 中文件分为 4 种：普通文件、目录文件、链接文件和设备文件。Linux 系统如何区分和操作特定文件呢？我们首先来认识文件描述符，文件描述符是一个非负整数，它是一个索引值，指向内核中每个进程打开文件的记录表，在 Linux 中，所有对设备和文件的操作都使用文件描述符。当打开一个现存文件或创建一个新文件时，内核就向进程返回一个文件描述符；当需要读写文件时，也需要把文件描述符作为参数传递给相应的函数。

通常，一个进程启动时都会打开 3 个文件：标准输入、标准输出和标准出错处理，这 3 个文件对应的文件描述符分别为 0、1 和 2，也就是宏替换 STDIN_FILENO、STDOUT_FILENO 和 STDERR_FILENO，这 3 个符号常量的定义位于头文件 unistd.h 中。

4.2 嵌入式 Linux 文件处理

4.2.1 文件处理函数

1. open 函数

open 函数用于打开或创建文件，调用 open 函数所需头文件如下：

    #include <stdio.h>// 提供类型 pid_t 的定义

    #include <fcntl.h>

函数原型：

    int open(const char *pathname,flags,int mode)

函数参数：

pathname：为字符串，表示被打开的文件名及文件所在路径。

flags：为一个或多个标志，表示文件打开的方式，参数可以通过"|"组合构成。常用标志如下：

O_RDONLY：只读方式打开文件。

O_WRONLY：可写方式打开文件。

O_RDWR：读写方式打开文件。

注：O_RDONLY、O_WRONLY、O_RDWR 这三种方式是互斥的，不能互相重合。

O_CREAT：文件不存在时就创建一个新文件，并用第三个参数为其设置权限。

O_EXCL：使用 O_CREAT 时如果文件存在，则可返回错误信息。这一参数可测试文件是否存在。

O_NOCTTY：使用本参数时，如文件为终端，那么终端不可以作为 open 系统调用的那个进程的控制终端。

O_TRUNC：如文件已经存在，且以只读或只写成功打开，那么会先全部删除文件中原有数据。

O+APPEND：以添加方式打开文件，在打开文件的同时，文件指针指向文件末尾。

mode：表示被打开文件的存取权限，可以使用八进制数来表示新文件的权限；当打开已有文件时，将忽略这个参数。

函数返回值：成功返回文件描述符，出错则返回 –1。

2．close 函数

文件使用完毕后可以使用 close 关闭文件，所需头文件如下：

```
#include <stdio.h>
```

函数原型：

```
int close(int fd)
```

函数参数：

fd：要关闭文件的文件描述符。

函数返回值：成功返回 0，出错则返回 –1。

【例 4-1】 通过系统调用 open 以只读方式打开文件 temp.dat，如果该文件存在，则将其清空；如果文件不存在，则创建该文件，然后调用 close 函数将其关闭。

```
#include <unistd.h>
#include <sys/types.h>
#include <sys/stat.h>
#include <fcntl.h>
#include <stdlib.h>
#include <stdio.h>
int main(void)
{
    int fd;
    if((fd = open("/home/baoliqun/temp.dat", O_CREAT | O_TRUNC | O_WRONLY, 0600)) < 0)
        printf("open /home/baoliqun/temp.dat failure!\n");
    else
        printf("open /home/baoliqun/temp.dat success!\n");
    if(close(fd) == -1)
        printf("close /home/baoliqun/temp.dat failure!\n");
    else
        printf("close /home/baoliqun/temp.dat success!\n");
    return 0;
}
```

将文件保存为 file_op.c，然后用 GCC 命令进行编译：

[root@localhost program]#gcc file_op.c –o file_op

在宿主机上运行可执行文件 file_op:

[root@localhost program]./file_op

运行结果如下:

open /home/baoliqun/temp.dat success!

close /home/baoliqun/temp.dat success!

3．read 函数

read 函数用于从打开的文件中读取数据。当 read 从终端设备文件中读取数据时，通常一次最多读一行。

函数原型:

ssize_t read(int fd,void *buf,size_t count)

函数参数:

fd: 文件描述符。

buf: 指定存储器读出数据的缓冲区。

count: 指定读出数据的字节数。

函数返回值: 成功返回读出的字节数; 返回 0 表示已到达文件尾, 返回 –1 则表示出错; 在读普通文件时, 若在读到所要求的字节数之前已达到文件的尾部, 则返回字节数会小于指定字节数。

4．write 函数

write 函数用于向打开的文件写入数据, 写操作的位置从文件的当前位移处开始。

函数原型:

ssize_t write(int fd, void *buf, size_t count)

函数参数:

fd: 文件描述符。

buf: 指定存储器写入数据的缓冲区。

count: 指定写入数据的字节数。

函数返回值: 成功返回已写的字节数, 返回 –1 表示出错。

5．lseek 函数

函数原型:

off_t lseek(int fd, off_t offset, int whence)

函数参数:

fd: 文件描述符。

offset: 偏移量, 每一读写操作所需要移动的字节数, 可正可负(向前移, 向后移)。

whence: 当前位置的基点。

SEEK_SET: 当前位置为文件开头, 新位置为偏移量的大小。

SEEK_CUR: 当前位置为文件指针位置, 新位置为当前位置加上偏移量。

SEEK_END: 当前位置为文件的结尾, 新位置为文件的大小加上偏移量大小。

4.2.2　文件操作实例

【**例 4-2**】　创建文件 temp.dat，从终端输入一个字符串并写入该文件中。

```c
#include <uni.3std.h>
#include <sys/types.h>
#include <sys/stat.h>
#include <fcntl.h>
#include <stdlib.h>
#include <stdio.h>
#include <string.h>
int main(void)
{
    int fd,n;
    char buf[100];
    if((fd = open("/home/baoliqun/temp.dattemp.dat", O_CREAT | O_TRUNC |
            O_WRONLY,0666)) < 0)
        printf("open /home/baoliqun/temp.dattemp.dat failure!\n");
    else{
        printf("open home/baoliqun/temp.dattemp.dat success!\n");
        scanf("%s", buf);
        n = write(fd, buf, sizeof(buf));
        if(n == -1)
            printf("write failure!\n");
        else
            printf("write success!\n");
        if(close(fd) == -1)
            printf("close home/baoliqun/temp.dattemp.dat failure!\n");
        else
            printf("close home/baoliqun/temp.dattemp.dat success!\n");
    }
    return 0;
}
```

将文件保存为 file_wr.c，然后用 GCC 命令进行编译：

```
[root@localhost program]#gcc file_wr.c –o file_wr
```

在宿主机上运行可执行文件 file_wr：

```
[root@localhost program]./file_wr
```

运行结果如下：

```
open home/baoliqun/temp.dattemp.dat success!
i love embedded linux!                    //等待用户输入字符串
```

write success!

close home/baoliqun/temp.dattemp.dat success!

【例 4-3】　打开或创建一个文件"file_test.txt",并把字符串"Hello! This program is trying to show how to use open(), write(), read() functions!"写入文件"file_test.txt";然后将文件指针移动到文件起始处,读取前 20 个字符并输出;最后关闭文件。

```c
/* file_test.c*/
#include <unistd.h>
#include <sys/types.h>
#include <sys/stat.h>
#include <fcntl.h>
#include <stdlib.h>
#include <stdio.h>
#include <string.h>
#define MAXSIZE
int main(void)
{
    int fd;
    fd = open_file();
    write_file(fd);
    read_file(fd);
    exit_file(fd);
}
int open_file()
{
    int fd;
    fd = open("/home/program/file_test.txt", O_CREAT | O_TRUNC | O_RDWR, 0666 ); /*首先调用
                                                     open 函数,并指定相应的权限*/
    printf("open file: file_test.txt, fd = %d\n", fd);
    return (fd);
}
int write_file(int fd)
{
    int i, size, len;
    char *buf = "Hello! This program is trying to show how to use open(), write(), read() functions!";
    len = strlen(buf);
    size = write( fd, buf, len);        /*调用 write 函数,将 buf 中的内容写入到打开的文件中*/
    printf("Write:%s\n", buf);
    rcturn 0;
}
```

```
int read_file(int fd)
{
    char buf_r[20];
    buf_r[19] = '\0';
    int size;
    lseek( fd, 0, SEEK_SET );          /*调用 lseek 函数将文件指针移动到文件起始*/
    size = read( fd, buf_r, 20);       /* 读出文件中的 20 个字节 */
    printf("read from file:%s\n", buf_r);
    return 0;
}
int exit_file(int fd)
{
    close(fd);
    printf("Close file_test.txt!\n");
    exit(0);
}
```

将文件保存为 file_op.c，然后用 GCC 命令进行编译：

```
[root@localhost program]#gcc file_rdwr.c –o file_rdwr
```

在宿主机上运行可执行文件 file_rdwr：

```
[root@localhost program]./file_rdwr
```

运行结果如下：

```
open file: file_test.txt, fd = 3
Write:Hello! This program is trying to show how to use open(), write(), read() functions!
read from file:Hello! This program
Close file_test.txt!
```

注：如果在 /home/program/目录下没有文件"file_test.txt"，则会创建"file_test.txt"文件；如果 /home/program/目录不存在，则会出错。

在宿主机上测试无误后，再用交叉编译的方法调用 armv4l-unknown-linux-gcc(或者 arm-linux-gcc)重新编译程序：

```
#armv4l-unknown-linux-gcc file_op.c –o file_op_2
```

将生成的可执行文件下载或挂载到实验箱或者开发板上执行，可以看到执行结果与上述结果完全相同。

4.3　嵌入式 Linux 串口应用编程

常见的数据通信方式分为并行通信和串行通信两种。

并行通信是指利用多条数据传输线将数据的各位同时传送。它的特点是传输速度快，适用于通信距离短、要求通讯速率较高的场合。

串行通信是指利用一条传输线将数据一位位地顺序传送。它的特点是通信线路简单、成本低，适用于通信距离远、传输速度慢的场合。串口通信常用于仪器仪表设备通信的协议，同时也可用于远程数据的传输。

4.3.1　串口传输数据的工作原理

常用的串口为 RS232C 接口，它是 1970 年由美国电子工业协会(EIA)联合贝尔系统公司及一些调制解调器厂家、计算机终端生产厂家共同制定的用于串行通信的标准，它的全称是"数据终端设备(DTE)和数据通信设备(DCE)之间串行二进制数据交换接口技术标准"。该标准规定采用一个 DB25 芯引脚的连接器或 9 芯引脚的连接器。DB9 和 DB25 的常用信号引脚说明见表 4-1。

表 4-1　DB9 和 DB25 引脚说明

9 针串口(DB9)			25 针串口(DB25)		
引脚	功能说明	简写	引脚	功能说明	简写
1	数据载波侦测(Carrier Detect)	DCD	8	数据载波侦测(Carrier Detect)	DCD
2	接收数据(Receive)	RXD	3	接收数据(Receive)	RXD
3	发送数据(Transmit)	TXD	2	发送数据(Transmit)	TXD
4	数据终端准备就绪(Data Terminal Ready)	DTR	20	数据终端准备就绪(Data Terminal Ready)	DTR
5	地线(Ground)	GND	7	地线(Ground)	GND
6	数据准备好(Data Set Ready)	DSR	6	数据准备好(Data Set Ready)	DSR
7	请求发送(Request To Send)	RTS	4	请求发送(Request To Send)	RTS
8	清除发送(Clear To Send)	CTS	5	清除发送(Clear To Send)	CTS
9	振铃指示(Ring Indicator)	RI	22	振铃指示(Ring Indicator)	RI

串口传输数据只需要接收数据针脚和发送针脚即可：一个串口的接收脚与另一个串口的发送脚直接用导线相连，对于 9 针串口和 25 针串口，均是 2 与 3 引脚直接相连。通常计算机主机后面的面板提供了两个 9 针的串口，可以将自己的计算机模拟成两台不同的串口设备，可将这两个串口的 2、3、5 引脚按图 4-2 所示的方法连接。

图 4-2　串口连接线

在串口传输中，发送方为了告诉接收方新的数据字节分组到达，在每一个数据字节分组前面都有一个起始位(通常是 0)；为了让接收方知道字节已经结束，在每一个数据字节分组后面都有一个停止位(通常是 1)；接收方一旦检测到停止位，接收方会一直等待，直到出现下一个开始位。串口传输数据包的组成为：1 个开始位 + 8/7/6/5 个数据位+1 位奇偶校验位 + 1/2 个停止位，如图 4-3 所示。

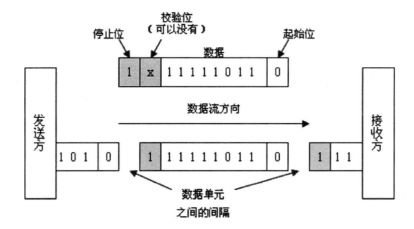

图 4-3　串口传输数据的工作原理

平时线路保持为 1，传送数据开始时，先发送起始位(其数据值是 0)，然后传 8(或 7，6，5)个数据位(其数据值是 0 或 1)，接着可传 1 位奇偶校验位，最后为 1～2 个停止位(其数据值是 1)，由此可见，传送一个 ASCII 字符(7 位)，加上同步信号最少需 9 位数据位。

通信线路上传输的位(码元)信号都必须保持一致的信号持续时间，单位时间内传送码元的数目称为波特率，常用波特率有 2400、4800、9600、115 200 等。

在 Linux 下，所有的设备文件一般都位于"/dev"下，在 UP-CUP S3C2410 实验箱上，串口 1、串口 2 所对应的设备名为"/dev/ttyS0"和"/dev/ttyS1"；在 TINY210 开发板上，串口 1 对应的设备名为"/dev/ttySAC0"，而 USB 转串口的设备名通常为"/dev/ttyUSB0"和"/dev/ttyUSB1"(因版本不同该设备名会有所不同，可以通过查看"/dev"下的设备文件名称以确认)。

4.3.2　串口的配置流程

在使用串口之前必须对其进行配置，串口参数的配置在配置超级终端和 Minicom 时已经接触过，一般包括波特率、数据位、校验位、停止位和流控模式等。例如，可以将其配置为波特率为 115 200、起始位为 1 bit、数据位为 8 bit、停止位为 1 bit 和无流控模式。

termios 是 Linux 系统用于查询和操纵各个终端的一个标准接口，在头文件"termios.h"中定义，串口设置由 termios 结构体实现：

termios 的数据结构如下所示：

```
# include<termios.h>
struct  termios
{
    tcflag_t  c_iflag;   /* 输入模式标志 */
    tcflag_t  c_oflag;   /* 输出模式标志 */
    tcflag_t  c_cflag;   /* 控制模式标志 */
```

```
    tcflag_t  c_lflag;        /* 本地模式标志 */
    cc_t  c_line;             /* 线路规程 */
    cc_t  c_cc[nccs];         /* 控制特性 */
};
```

该结构中 c_cflag 最为重要，可设置波特率、数据位、校验位、停止位、奇偶校验位等。需要注意的是，termios 结构不能初始化，需要使用"与"、"或"等位运算符在程序中进行设置。在设置波特率时需在数字前加上字符"B"，如 B9600。

系统根据 termios 结构中 c_cc 数组的两个变量 vmin 和 vtime 判断是否返回输入。vmin 设定满足读取功能的最低字节个数，vtime 设定要求等待的时间量(零到几百毫秒)。因此，在操作串口时要特别注意设定这两个变量的值，尽量保证串口通信的成功率。

串口配置流程如下：

(1) 保存原先的串口配置。

使用 tcgetattr(fd, &oldtio)函数如下：

```
    struct termios newtio, oldtio;
    tcgetattr( fd, &oldtio);
```

(2) 激活选项有 CLOCAL 和 CREAD，用于本地连接和接收使能。其语句如下：

```
    newtio.c_cflag |=  CLOCAL | CREAD;
```

(3) 设置波特率，使用函数 cfsetispeed 和 cfsetospeed：

```
    cfsetispeed(&newtio, B115200);
    cfsetospeed(&newtio, B115200);
```

(4) 设置数据位，需使用掩码设置。其语句如下：

```
    newtio.c_cflag & = ~CSIZE;
    newtio.c_cflag |= CS8;
```

(5) 设置奇偶校验位，使用 c_cflag 和 c_iflag。

设置奇校验：

```
    newtio.c_cflag |= PARENB;
    newtio.c_cflag |= PARODD;
    newtio.c_iflag |= (INPCK | ISTRIP);
```

设置偶校验：

```
    newtio.c_iflag |= (INPCK | ISTRIP);
    newtio.c_cflag |= PARENB;
    newtio.c_cflag &= ~PARODD;
```

(6) 设置停止位，通过激活 c_cflag 中的 CSTOPB 实现。若停止位为 1，则清除 CSTOPB；若停止位为 2，则激活 CSTOPB。其语句如下：

```
    newtio.c_cflag & = ~CSTOPB;
```

(7) 设置最少字符和等待时间，对于接收字符和等待时间没有特别要求时可设为 0。其语句如下：

```
    newtio.c_cc[VTIME] = 0;
    newtio.c_cc[VMIN] = 0;
```

(8) 处理要写入的引用对象。

tcflush 函数刷清(抛弃)输入缓存(终端驱动程序已接收到,但用户程序尚未读)或输出缓存(用户程序已经写,但尚未发送),其语句如下:

```
int tcflush(int filedes, int queue );
```

queue 数应当是下列三个常数之一:

- TCIFLUSH 刷清输入队列。
- TCOFLUSH 刷清输出队列。
- TCIOFLUSH 刷清输入、输出队列。

如:tcflush(fd, TCIFLUSH);

(9) 激活配置。在完成配置后,需激活配置使其生效,使用 tsettattr 函数,原型如下:

```
int tcgetattr(int filedes, struct termios * termptr);

int tcsetattr(int filedes, int opt, const struct termios * termptr);
```

tcsetattr 的参数 opt 使我们可以指定在什么时候新的终端属性才起作用。opt 可以指定为下列常数中的一个:

- TCSANOW: 更改立即发生。
- TCSADRAIN: 发送了所有输出后更改才发生。若更改输出参数则应使用此选择项。
- TCSAFLUSH: 发送了所有输出后更改才发生。更进一步,在更改发生时未读的所有输入数据都被删除(刷清)。

例如:tcsetattr(fd, TCSANOW, &newtio)。

4.3.3　串口编程实例

在 Linux 下对设备的操作方法与对文件的操作方法一样,因此,对串口的读写就可以使用 read、write 等函数来完成,所不同的是串口是一个终端设备,对串口操作之前需要配置其参数,下面以一个具体实例讲解串口应用开发的步骤。

1. 串口编程步骤

一个串口驱动程序通常包括打开串口、设置串口参数、对串口进行读写操作等。

第一步:打开串口。

在嵌入式 Linux 系统中,打开一个串口设备,和打开普通文件一样。通常嵌入式 Linux 系统下的串口设备位于/dev 下:串口 1 的设备名称为"/dev/ttyS0",串口 2 的设备名称是"/dev/ttyS1"。调用 open 函数打开串口,如果出错返回 –1,成功则返回一个整型的文件描述符,以后对这个串口的操作都针对这个文件描述符进行。

下面的代码是以读写方式打开串口 1:

```
#define usart0 /dev/ttyS0
#define usart1 /dev/ttyS1
int open_port( )
{
    int fd;
    fd = open ("usart0", O_RDWR | O_NOCTTY | O_NDELAY);
```

```
    if(fd == -1)
    {
        return (-1);
    }
    else return (fd);
}
```

第二步：串口属性配置。

打开串口后需要对串口进行属性配置，即对 termios 结构体中的成员进行设置。串口属性配置请参照 4.3.2 节中串口配置流程。

第三步：读取串口数据。

经过设置后，就可用标准的文件读写命令 read 和 write 操作串口了；如果设置为原始模式(Raw Mode)传输数据，那么 read 函数返回的字符数是实际串口接收到的字符数；然后可以使用操作文件的函数如 fcntl 或者 select 等实现异步读取；最后在退出前，用 close 函数关闭串口。

以下代码实现了从文件描述符为 fd 的串口中读取字符串。

```
char buf[256];
int len;
int bytenum = read(fd, buf, len); /*从 fd 指向的文件中读取 len 个字节数据保存到 buf 中*/
```

2．串口编程实例

【例 4-4】　以下代码实现了打开串口、配置串口及从串口读取数据。

```
#include <stdio.h>
#include <string.h>
#include <sys/types.h>
#include <errno.h>
#include <sys/stat.h>
#include <fcntl.h>
#include <unistd.h>
#include <termios.h>
#include <stdlib.h>
int set_opt(int fd, int nSpeed,   int nBits, char nEvent, int nStop) //串口参数配置函数
{
    struct termios newtio, oldtio;
    if ( tcgetattr( fd, &oldtio) != 0)
    {
        perror("SetupSerial 1");
        return -1;
    }
```

```
bzero( &newtio, sizeof( newtio ) );
newtio.c_cflag   |=   CLOCAL | CREAD; /*本地连接和接收使能，使用位掩码的方式激活
                                     这两个选项*/
newtio.c_cflag & = ~CSIZE;
switch( nBits )
{
    case 7:
        newtio.c_cflag |= CS7;
        break;
    case 8:
        newtio.c_cflag |= CS8;
        break;
}
switch( nEvent )   //设置校验位
{
    case 'O':
        newtio.c_cflag |= PARENB;
        newtio.c_cflag |= PARODD;
        newtio.c_iflag |= (INPCK | ISTRIP);
        break;
    case 'E':
        newtio.c_iflag |= (INPCK | ISTRIP);
        newtio.c_cflag |= PARENB;
        newtio.c_cflag &= ~PARODD;
        break;
    case 'N':
        newtio.c_cflag &= ~PARENB;
        break;
}
switch( nSpeed )   //设置波特率
{
    case 2400:
        cfsetispeed(&newtio, B2400);
        cfsetospeed(&newtio, B2400);
        break;
    case 4800:
        cfsetispeed(&newtio, B4800);
        cfsetospeed(&newtio, B4800);
```

```
                break;
            case 9600:
                cfsetispeed(&newtio, B9600);
                cfsetospeed(&newtio, B9600);
                break;
            case 115200:
                cfsetispeed(&newtio, B115200);
                cfsetospeed(&newtio, B115200);
                break;
            default:
                cfsetispeed(&newtio, B9600);
                cfsetospeed(&newtio, B9600);
                break;
        }
        if( nStop == 1 )    //设置停止位
            newtio.c_cflag & = ~CSTOPB;
        else if ( nStop == 2 )
        newtio.c_cflag |= CSTOPB;
        newtio.c_cc[VTIME] = 0;
        newtio.c_cc[VMIN] = 0;
        tcflush(fd, TCIFLUSH);      /*清空输入缓冲区*/
        if((tcsetattr(fd, TCSANOW, &newtio)) != 0)
        {
            perror("com set error");
            return -1;
        }
        printf("set done!\n");
        return 0;
    }
    int open_port(int fd, int comport)   //打开串口函数
    {
        char *dev[] = {"/dev/ttyS0", "/dev/ttyS1", "/dev/ttyS2"};
        long vdisable;
        if (comport == 1)
        {
            fd = open( "/dev/ttyS0", O_RDWR |   O_NOCTTY | O_NDELAY);
            if (-1 == fd)
            {
```

```
            perror("Can't Open Serial Port");
            return(-1);
        }
        else
            printf("open ttyS0 .....\n");
    }
    else if(comport == 2)
    {
        fd = open( "/dev/ttyS1", O_RDWR | O_NOCTTY | O_NDELAY);
        if (-1 == fd)
        {
            perror("Can't Open Serial Port");
            return(-1);
        }
        else
            printf("open ttyS1 .....\n");
    }
    else if (comport == 3)
    {
        fd = open( "/dev/ttyS2", O_RDWR | O_NOCTTY | O_NDELAY);
        if (-1 == fd)
        {
            perror("Can't Open Serial Port");
            return(-1);
        }
        else
            printf("open ttyS2 .....\n");
    }
    if(fcntl(fd, F_SETFL, 0)<0)          /*将串口设置为阻塞状态*/
        printf("fcntl failed!\n");
    else
        printf("fcntl = %d\n", fcntl(fd, F_SETFL, 0));
    if(isatty(STDIN_FILENO) == 0)        /*确认是否为终端设备*/
        printf("standard input is not a terminal device\n");
    else
        printf("isatty success!\n");
    printf("fd-open = %d\n", fd);
    return fd;
```

```
    }
    int main(void)
    {
        int fd;
        int nread, i;
        char buff[] = "Hello\n";
        if((fd = open_port(fd, 1)) < 0)
        {
            perror("open_port error");
            return;
        }
        if((i = set_opt(fd, 115200, 8, 'N', 1)) < 0)
        {
            perror("set_opt error");
            return;
        }
        printf("fd = %d\n", fd);
        nread = read(fd, buff, 8);
        printf("nread = %d, %s\n", nread, buff);
        close(fd);
        return;
    }
```

4.3.4　从 PC 机串口向开发板发送数据

嵌入式系统经常需要通过串口与其他设备之间进行通信，以下代码实现了通过串口从 PC 机向嵌入式开发板发送数据。

【例 4-5】　通过 RS232 串口从 PC 机向嵌入式开发板发送数据。

1．程序代码

程序如下：

```
#include<stdio.h>
#include<stdlib.h>
#include<string.h>
#include<unistd.h>
#include<fcntl.h>
#include<sys/stat.h>
#include <malloc.h>
#include <sys/types.h>
#include <termios.h>
```

```c
float temperature = 0;
float rh = 0;
char ch4 = 0;
int fd;
int flag_close;
/****char fire_flag = 0;***/
int open_serial(int k)    //打开串口函数
{
    if(k == 0)
    {
        fd = open("/dev/ttySAC0", O_RDWR | O_NOCTTY);    /* TINY210 开发板串口设备名称为
                                                        "/dev/ttySAC0" */
        perror("open /dev/tts/0");
    }
    if(fd == -1)                    /*判断文件打开是否成功*/
        return -1;
    else
        return 0;
}
int set_opt()
{
    int status;
    struct termios opt;
    tcgetattr(fd, &opt);
    bzero(&opt, sizeof(opt));
    opt.c_cflag |= CLOCAL | CREAD;
    opt.c_cflag &= ~CSIZE;
    opt.c_cflag |= CS8;
    opt.c_cflag &=~PARENB;
    cfsetispeed(&opt, B115200);              /*设置串口波特率为 115 200 b/s*/
    cfsetospeed(&opt, B115200);
    opt.c_cflag &= ~CSTOPB;
    opt.c_cc[VTIME] = 0;
    opt.c_cc[VMIN] = 0;
    status = tcsetattr(fd, TCSANOW, &opt);
    if(status != 0)
    {
        perror("tcsetattr fd1");
```

```
            return -1;
        }
        tcflush(fd, TCIFLUSH);
        return 0;
    }
    void main(void)
    {
        char rbuf[1024];
        int sfd, retv;
        open_serial(0);        /*打开串口 1*/
        if(fd == -1)
        {
            printf("erro");
            return;
        }
        sfd = set_opt();
        if(sfd == -1)
        return;
        printf("ready for receiving data...\n");
        retv = read(fd, rbuf, 500);//接收数据
        if(retv == -1)
        {
            perror("read");
        }
        while(1)
        {
            retv = read(fd, rbuf, 500);
            printf("\nRead from PC:%s", rbuf);
        }
    }
```

2. 交叉编译

将上述程序保存为 serial_comm.c，然后用如下交叉编译命令进行交叉编译：

```
#arm-linux-gcc serial_comm.c -o serial_comm
```

生成可执行文件 serial_comm，然后在 TINY210 开发板上运行，命令如下：

```
#./serial_comm
```

3. 程序测试

用串口线连接 PC 机和开发板，然后在 PC 机上用串口助手向开发板发送数据，如图

4-4 所示，开发板接收数据如图 4-5 所示。

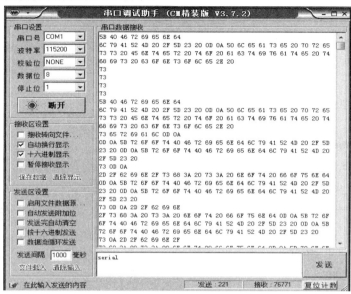

图 4-4 从 PC 机向开发板发送数据

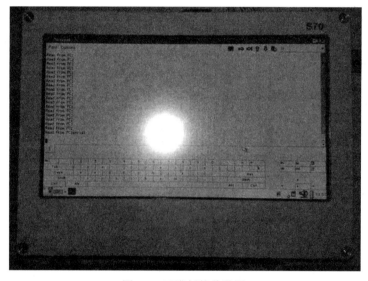

图 4-5 开发板接收数据

4.4 嵌入式 Linux 进程编程

4.4.1 Linux 进程概述

进程的概念源于 20 世纪 60 年代，目前已成为操作系统和并发程序设计中的重要概念。

1. 进程和程序

进程是一个具有独立功能的程序的一次动态执行过程，它和程序有本质的区别。程序是静态的，永久的，是一些保存在磁盘上的指令的有序集合；而进程是一个动态的概念，它是程序执行的过程，包括动态创建、调度和消亡的整个过程。Linux 是一个多任务的操作系统，在同一个时间内，可以有多个进程同时执行，但是在单 CPU 的计算机上，在一个时间片断内只能有一个进程处于执行状态，那么其他进程会处在什么状态呢？进程按生命周期可以划分成以下 3 种状态：

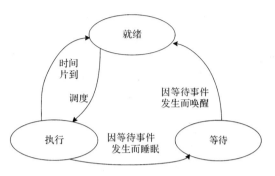

(1) 执行状态：该进程正在执行，即进程正在占用 CPU。

(2) 就绪状态：进程已经具备执行的一切条件，等待分配 CPU 资源。

(3) 等待状态：等待某事件发生，若等待事件发生则可将其唤醒进入就绪状态。

这三个状态之间的转换如图 4-6 所示。

图 4-6　进程的状态转换

Linux 使用"进程调度(Process Scheduling)"的手段，首先，为每个进程分配一个运行时间片，这个时间片通常很短，以毫秒为单位(200 ms)；然后依照某种规则，从众多进程中挑选一个就绪进程投入运行，其他进程暂时等待；当正在运行的进程时间耗尽，或执行完毕退出，或因某种原因暂停，Linux 就会重新调度下一个就绪进程投入运行。因为每个进程占用的时间片都很短，在使用者来看，就好像多个进程同时运行。进程调度器根据进程的优先级选择进程，优先级高的进程运行更为频繁。在 Linux 中，进程运行的时间不能超过分配给它们的时间片，它们采用的是抢先式多任务处理，所以进程的挂起和继续执行无需彼此间协作。

2. 进程同步与互斥

在 Linux 系统中，进程是并发执行的，不同进程之间存在着不同的相互制约关系，因此引入了进程同步与互斥的概念。

同步也称为直接制约关系，进程间的直接制约关系源于它们之间的相互合作，例如输入进程 A 通过单缓冲向进程 B 提供数据，当该缓冲区空时，进程 B 不能获得所需数据而阻塞，一旦进程 A 将数据送入缓冲区，进程 B 就被唤醒；反之，当缓冲区满时，进程 A 被阻塞，仅当进程 B 取走缓冲区数据时，唤醒进程 A 才被唤醒。

互斥也称为间接制约关系，进程互斥是指当有若干进程都要使用某一临界资源时，任何时刻最多允许一个进程使用，其他要使用该资源的进程必须等待，直到占用该资源的进程释放了该资源为止。

多进程系统中，虽然多个进程可以共享系统中的各种资源，但其中许多资源一次只能为一个进程所使用，这种一次仅允许一个进程使用的资源称为临界资源。许多物理设备都属于临界资源，例如打印机，另外许多变量、数据等都可以被若干进程共享，也称为临界资源。对临界资源的访问是互斥的，进程中访问临界资源的那段程序代码称为临界区。为实现对临界资源的互斥访问，应保证诸进程互斥地进入各自的临界区。

两个或两个以上的进程在执行过程中，因争夺资源而造成互相等待，且在无外力作用时，这些进程都将无法推进下去，此时称系统处于死锁状态或系统产生了死锁，这些互相等待的进程称为死锁进程。

3. 进程的标识

在嵌入式 Linux 中最主要的进程标识是进程号(Process Identity Number，PID)和它的父进程号(Parent Process ID，PPID)，其中 PID 唯一地标识一个进程。PID 和 PPID 都是非零的正整数。在 Linux 中获得当前进程的 PID 和 PPID 的系统调用函数为 getpid 和 getppid。getpid 的作用很简单，就是返回当前进程的进程 ID，如图 4-6 所示。

【例 4-6】 获取当前进程的进程号 PID 和其父进程的进程号 PPID。

```
/****getpid.c *****/
#include <stdio.h>
#include <unistd.h>
#include <stdlib.h>
int main()
{
    printf("The current process ID is %d\n", getpid());
    printf("The current process PPID is %d\n", getppid());
    return   0;
}
```

编译并运行程序 getpid.c：

```
[root@localhost jincheng]# gcc getpid.c -o getpid
[root@localhost jincheng]# ./getpid
The current process ID is 3281
The current process PPID is 3153
```

每个人的运行结果很可能与这个数字不一样，这是很正常的。

4.4.2　进程与进程控制

1. 进程的创建

在嵌入式 Linux 系统中，fork 函数用于从已存在进程中创建一个新进程。使用 fork 函数得到的子进程是父进程的一个复制品，也就是说子进程具有与父进程相同的可执行程序和数据(简称映像)。

fork 函数的原型如下：

```
#include<sys/types.h>      /* 提供类型 pid_t 的定义 */
#include<unistd.h>          /* 提供函数的定义 */
pid_t fork(void);
```

创建的这个新进程称为子进程，原来的进程称为父进程。父、子进程会运行同一个程序，需要用一种方式来区别他们。在父进程中执行 fork 函数时，父进程会复制出一个子进程，而且父子进程的代码从 fork 函数的返回开始分别在两个地址空间同时运行。从而两个进程分别获得其所属 fork 的返回值，这也正是 fork 函数的奇妙之处，即调用后会返回两次，一次是在父进程中返回，一次是在子进程中返回，它可能有以下三种不同的返回值：

(1) 在父进程中，fork 返回新创建子进程的进程 ID，是一个大于 0 的整数；

(2) 在子进程中，fork 返回 0；

(3) 如果出现错误，fork 返回一个负值。

子进程创建成功后，两个进程的执行顺序如何呢？父进程和子进程争夺 CPU，抢到的执行，另一个挂起等待。

fork 有一些很有意思的特征，下面就让我们通过一个小程序来对它有更多的了解。

【例 4-7】　fork 子进程创建实例。

```
/****fork_test.c *****/
#include <stdio.h>
#include <sys/types.h>
#include <unistd.h>
main()
{
    pid_t pid;            /*此时仅有一个进程*/
    int n = 4;
    pid = fork();         /*此时已经有两个进程在同时运行*/
    if(pid == 0)     /*返回 0 表示子进程*/
    {
        n++;
        printf("Child process, my process ID is %d, n = %d\n", getpid(), n);
    }
    else if(pid>0)           /*返回大于 0 表示父进程*/
    {
        n--;
        printf("Parent process,    my process ID is %d, n = %d\n", getpid(), n);
    }
    else printf("Fork failure!\n");
}
```

看这个程序的时候，头脑中必须首先有一个概念：在语句 pid = fork() 之前，只有一个进程在执行这段代码，但在这条语句之后，就变成两个进程在执行了，这两个进程的代码部分完全相同。

将上述程序保存为 fork_test.c，编译并运行：

```
[root@localhost jincheng]# gcc -o fock_test fork_test.c
[root@localhost jincheng]# ./fock_test
Child process, my process ID is 3299, n = 5
Parent process, my process ID is 3298, n = 3
```

由运行结果可知，fork 创建了一个子进程，父进程和子进程各打印了一条信息。n++ 被父进程、子进程一共执行了两次，但 n 的第二次输出不等于 4，因为子进程的数据空间、堆栈空间都会从父进程得到一个副本，而不是共享，因此子进程中对 n 的操作并没有影响父进程中 n 的值，父进程中 n 的值仍为 4。

fork 的常见用法如下：

(1) 一个父进程希望复制自己，使父子进程同时执行不同的代码段。例如，在网络服务进程中，父进程等待客户端的服务请求，当请求到达时，父进程调用 fork，子进程处理该请求，父进程则继续等待下一个服务请求的到达(见本书 6.3.4 节 Socket 网络通信的服务器端程序)。

(2) 一个进程要执行另一个不同的程序。这对 Shell 是最常见的情况，这种情况下，子进程从 fork 返回后立即调用 exec 执行。

fork 出错可能有两种原因：① 当前的进程数已经达到了系统规定的上限；② 系统内存不足。fork 系统调用出错的可能性很小，而且如果出错，一般都为第一种错误。如果出现第二种错误，说明系统已没有可分配的内存，正处于崩溃的边缘，这种情况在 Linux 系统下比较罕见。

2．进程终止

当一个进程执行完成之后必须退出，退出时内核会进行一系列的操作，包括关闭文件操作符、清理缓冲区等。Linux 中最常用的方式是通过 exit 和_exit 函数终止进程。exit 和_exit 函数的原型如下：

```
#include <unistd.h>
void exit(int status);
void _exit(int status);
```

status：该参数指定进程退出时的返回值，该返回值可以在 Shell 中通过"echo $?"命令查看，也可以通过 system 函数的返回值取得，还可以在父进程中通过调用 wait 函数获得。通常进程返回 0 表示正常退出(如 exit(0))，返回非零表示异常退出(如 exit(1)/exit(-1))。

_exit 函数的作用是直接使进程停止运行，清除其使用的内存空间，并清除其在内核中的各种数据结构；exit 函数则在这些基础上做了一些包装，在执行退出之前加了若干道工序。exit 函数与_exit 函数最大的区别就在于 exit 函数在调用 exit 系统之前要检查文件的打开情况，把文件缓冲区中的内容写回文件。

由于在 Linux 的标准函数库中有一种被称作"缓冲 I/O (buffered I/O)"的操作，其特征就是对应每一个打开的文件在内存中都有一片缓冲区。每次读文件时，会连续读出若干条记录，这样在下次读文件时就可以直接从内存的缓冲区中读取；同样，每次写文件的时候，也仅仅是写入内存中的缓冲区，等满足了一定的条件(如达到一定数量或遇到特定字符等)，再将缓冲区中的内容一次性写入文件。这种技术大大增加了文件读写的速度，但也为编程带来了一些麻烦。比如，有些数据认为已经被写入到文件中，实际上因为没有满足特定的条件，它们还只是被保存在缓冲区内，这时用_exit 函数直接将进程关闭，缓冲区中的数据就会丢失。因此，若想保证数据的完整性，就一定要使用 exit 函数。

【例 4-8】 exit 函数和_exit 函数的使用。

```
#include <stdio.h>
#include <stdlib.h>
#include <unistd.h>
int main()
```

```
{
    printf("Using exit\n");
    printf("This is the content in buffer\n");
    exit(0);
    //_exit(0);
}
```

将上述程序保存为 exit.c，编译并运行，结果如下：

```
[root@localhost jincheng]# gcc exit.c -o exit
[root@localhost jincheng]#./exit
Using exit
This is the content in buffer[root@localhost jincheng]#
```

注释掉 exit(0)行，把_exit(0)前面的注释去掉，重新编译运行，结果如下：

```
[root@localhost jincheng]# ./exit
Using exit
[root@localhost jincheng]#
```

对比程序运行结果，请根据前面介绍的原理进行分析。

3．进程等待

wait 函数是用于使父进程(也就是调用 wait 的进程)阻塞，直到一个子进程结束或者该进程接到了一个指定的信号为止。如果该父进程没有子进程或者其子进程已经结束，则 wait 就会立即返回。

waitpid 的作用和 wait 一样，但它并不一定要等待第一个终止的子进程，它还有若干选项，如可提供一个非阻塞版本的 wait 功能，也能支持作业控制。实际上 wait 函数只是 waitpid 函数的一个特例，在 Linux 内部实现 wait 函数时直接调用的就是 waitpid 函数。

调用 wait 或 waitpid 的进程可能会发生以下情况：

(1) 如果其所有子进程都还在运行，则父进程阻塞；

(2) 如果一个子进程已终止，正等待父进程获取其终止状态，则取得该子进程的终止状态立即返回，如果它没有任何子进程，则立即出错返回。

函数原型如下：

```
pid_t wait(int *status);
pid_t waitpid(pid_t pid, int *status, int options);
```

status：用于保存子进程的结束状态。

pid：为欲等待的子进程 ID，其数值意义如下：

(1) pid < −1：等待进程组 ID 为 pid 绝对值的任何子进程；

(2) pid = −1：等待任何子进程，相当于 wait；

(3) pid = 0：等待进程组 ID 与目前进程相同的任何子进程；

(4) pid > 0：等待任何子进程 ID 为 pid 的子进程。

options：该参数提供了一些额外的选项来控制 waitpid，可有以下几个取值或它们的按位或组合：

(1) 0：不使用任何选项；

(2) WNOHANG：若 pid 指定的子进程没有结束，则 waitpid 函数返回 0，不予以等待；若结束，则返回该子进程的 ID；

(3) WUNTRACED：若子进程进入暂停状态，则马上返回，但子进程的结束状态不予以理会。

返回值如下：

(1) -1：调用失败。

(2) 其他：调用成功，返回值为退出的子进程 ID；

【例 4-9】 wait 函数的使用。

```
#include <sys/types.h>
#include <sys/wait.h>
#include <unistd.h>
#include <stdlib.h>
int main()
{
    pid_t pc, pr;
    pc = fork();
    if(pc == 0)
    {
        printf("this is child process with pid of %d\n", getpid());
        sleep(10);
    }
    else if(pc > 0)
    {
        pr = wait(NULL);
        printf("I catched a child process with pid of %d\n", pr);
    }
    exit(0);
}
```

将上述程序保存为 wait.c，编译并运行，结果如下：

```
[root@localhost jincheng]# gcc wait.c -o wait
[root@localhost jincheng]./wait
this is child process with pid of 3205
I catched a child process with pid of 3205
```

4. exec 函数族

fork 函数用于创建一个子进程，该子进程是其父进程的副本，它执行与父进程完全相同的程序，为了让子进程能运行另外的执行程序，需要用到 exec 函数。exec 函数族提供了一个在进程中启动另一个程序执行的方法，当进程调用一种 exec 函数时，该进程的用户空间代码和数据完全被新程序替换，从新程序的启动例程开始执行。调用 exec 并不创建新进程，所以调用 exec 前后该进程的 ID 并未改变。有六种以 exec 开头的函数，统称 exec 函数，exec 函数原型如下：

```
#include <unistd.h>
int execl(const char *path, const char *arg, ...)
int execv(const char *path, char *const argv[])
int execle(const char *path, const char *arg, ..., char *const envp[])
int execve(const char *path, char *const argv[], char *const envp[])
int execlp(const char *file, const char *arg, ...)
int execvp(const char *file, char *const argv[])
```

这些函数如果调用成功则加载新的程序从启动代码开始执行，不再返回，如果调用出错则返回 –1，所以 exec 函数只有出错的返回值而没有成功的返回值。

这些函数原型看起来很容易混淆，但只要掌握了规律就很好记，其规律如下：

(1) 不带字母 p(表示 path)的 exec 函数第一个参数必须是程序的相对路径或绝对路径，例如"/bin/ls"或"./a.out"，而不能是"ls"或"a.out"。对于带字母 p 的函数，如果参数中包含/，则将其视为路径名，否则视为不带路径的程序名，可以在 path 环境变量的目录列表中搜索这个程序。

(2) 带有字母 l(表示 list)的 exec 函数要求将新程序的每个命令行参数都当做一个参数传给它，命令行参数的个数是可变的，因此函数原型中有"..."，"..."中的最后一个可变参数应该是 NULL，起标记的作用。

(3) 对于带有字母 v(表示 vector)的 exec 函数，则应该先构造一个指向各参数的指针数组，然后将该数组的首地址当做参数传给它，数组中的最后一个指针也应该是 NULL，就像 main 函数的 argv 参数或者环境变量表一样。

(4) 对于以 e(表示 environment)结尾的 exec 函数，可以把一份新的环境变量表传给它，其他 exec 函数仍使用当前的环境变量表执行新程序。

【例 4-10】在当前文件夹下有一个已经编译好的可执行文件"hellolinux"，在 fork 函数创建的子进程分支中增加了一个 execl 系统调用，执行可执行文件"hellolinux"。

```
#include <stdio.h>
#include <stdlib.h>
#include <unistd.h>
#include <sys/types.h>
int main()
{
    pid_t pid;
    pid = fork( );
    if(pid == 0)
    {
        execl("./hellolinux", "hellolinux", NULL)
        printf("Child process!\n");
```

```
        }
        else if(pid>0)
        {
            sleep(1);
            printf("Parent process!\n");
        }
        else printf("fork failure!\n");
        exit(0);
    }
```

将上述程序保存为 execltest.c，使用如下命令进行编译：

```
[root@localhost jincheng]#gcc execltest.c -o execltest
[root@localhost jincheng]#./execltest
Hello linux!
Parent process!
```

4.4.3 Linux 守护进程

Linux 系统中的守护进程就是后台服务进程，它是一个生存期较长的进程，通常独立于控制终端并且周期性地执行某种任务或等待处理某些事件的发生。守护进程常常在系统引导载入时启动，在系统关闭时终止。Linux 大多数服务器进程就是用守护进程实现的，如 Web 服务。守护进程常常在系统引导装入时启动，在系统关闭时终止。守护进程最大的特点是运行在后台，与终端无连接，除非特殊情况下，否则用户不能操作守护进程。

在 Linux 中，每一个系统与用户进行交流的界面称为终端，每一个从此终端开始运行的进程都会依附于这个终端，这个终端就称为这些进程的控制终端，当控制终端被关闭时，相应的进程都会自动关闭。但是守护进程却能够突破这种限制，它从被执行开始，直到整个系统关闭时才会退出。如果想让某个进程不因为用户、终端或者其他的变化而受到影响，那么就必须把这个进程变成一个守护进程。守护进程经常以超级用户(root)权限运行，因为它们要使用特殊的端口(1-1024)或访问某些特殊的资源。一个守护进程的父进程是 init 进程，因为它真正的父进程在 fork 创建出子进程后就先于子进程退出了，所以它是一个由 init 继承的孤儿进程。守护进程是非交互式程序，没有控制终端，所以任何输出，无论是向标准输出设备 stdout 还是向标准出错设备 stderr 的输出都需要特殊处理。

守护进程的编写流程如图 4-7 所示，具体步骤如下。

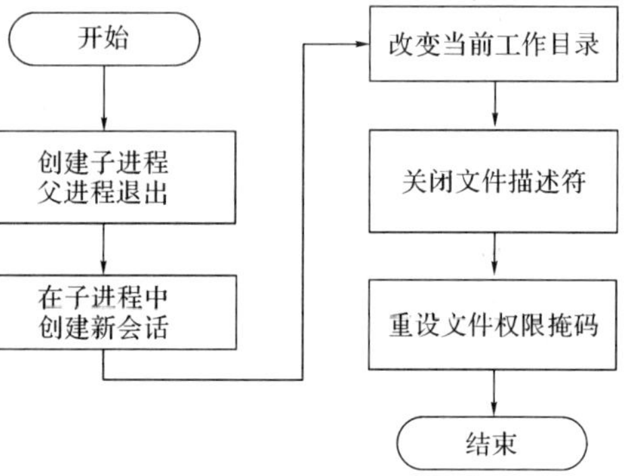

图 4-7　守护进程的编写流程

1. 创建子进程，父进程退出

这是创建守护进程的第一步。由于守护进程是脱离控制终端的，杀死父进程使其脱离控制终端，因此，完成第一步后就会在 Shell 终端里造成一程序已经运行完毕的假象。之后的所有工作都在子进程中完成，而用户在 Shell 终端里则可以执行其他命令，从而在形式上做到了与控制终端的脱离。在 Linux 中父进程先于子进程退出会造成子进程成为孤儿进程，而每当系统发现一个孤儿进程时，就会自动由 1 号进程(init)收养它，这样，原先的子进程就会变成 init 进程的子进程。

2．在子进程中创建新会话

Linux 是一个多用户多任务系统，每个进程都有一个进程 ID，同时每个进程还都属于某一个进程组，而每个进程组都有一个组长进程，组长进程的标识 ID 等于进程组的 ID，且该进程组 ID 不会因组长进程的退出而受到影响。会话期是一个或多个进程组的集合，通常，一个会话开始于用户登录，终止于用户退出，在此期间该用户运行的所有进程都属于这个会话期。一个会话期可以有一个单独的控制终端，只有其前台进程才可以拥有控制终端，实现与用户的交互。从 Shell 中启动的每一个进程将继承一个与之相结合的终端，以便进程与用户交互，但是守护进程不需要这些，子进程继承父进程的会话期和进程组 ID，子进程会受到发送给该会话期的信号的影响，所以守护进程应该创建一个新的会话期，这个步骤是创建守护进程中最重要的一步，虽然它的实现非常简单，但它的意义却非常重大。在这里使用系统函数 setsid 来实现。setsid 函数用于创建一个新的会话，并担任该会话组的组长。调用 setsid 有如下 3 个作用：

(1) 让进程摆脱原会话的控制；

(2) 让进程摆脱原进程组的控制；

(3) 让进程摆脱原控制终端的控制。

创建守护进程的第一步调用了 fork 函数来创建子进程，再将父进程退出。在调用 fork 函数时，子进程全盘拷贝了父进程的会话期、进程组、控制终端等，虽然父进程退出了，但会话期、进程组、控制终端等并没有改变，因此，这还不是真正意义上的独立开来，而 setsid 函数能够使进程完全独立出来，从而摆脱其他进程的控制。

3．改变当前工作目录

使用 fork 创建的子进程继承了父进程的当前工作目录。由于在进程运行中，当前目录所在的文件系统(如 "/mnt/usb")是不能卸载的，这对以后的使用会造成诸多的麻烦(比如系统由于某种原因要进入单用户模式)。因此，通常的做法是让根目录("/")作为守护进程的当前工作目录，这样就可以避免上述的问题，当然，如有特殊需要，也可以把当前工作目录换成其他的路径，如 /tmp。改变工作目录的常见函数是 chdir。

4．关闭文件描述符

一般情况下，进程启动时都会自动打开终端文件，但是守护进程已经与终端脱离，所以终端描述符应该关闭。用 fork 函数新建的子进程也会从父进程那里继承一些已经打开的文件，这些被打开的文件可能永远不会被守护进程读写，但它们一样消耗系统资源，而且可能导致所在的文件系统无法卸下。关闭文件描述符通过如下的文件处理的 close 操作来实现：

```
for(i=0; i<MAXFILE; i++)
close(i);
```

5. 重设文件权限掩码

很多情况下，守护进程会创建一些临时文件，出于安全考虑，往往不希望这些文件被其他用户查看，这时，可以使用 umask 函数修改文件权限，创建权限掩码，以满足守护进程的需要。文件权限掩码是指屏蔽掉文件权限中的对应位，例如，有个文件权限掩码是050，它就屏蔽了文件组拥有者的可读与可执行权限。

守护进程的出错处理：

由于守护进程完全脱离了控制终端，因此，不能像其他普通进程一样将错误信息输出到控制终端来通知程序员。守护进程的一种通用的办法是使用 syslog 服务，将程序中的出错信息输入到系统日志文件中，从而可以直观地看到程序的问题所在。

syslog 是 Linux 中的系统日志管理服务，通过守护进程 syslogd 来维护。该守护进程在启动时会读一个配置文件"/etc/syslog.conf"，该文件决定了不同种类的消息会发送向何处。例如，紧急消息被送向系统管理员并在控制台上显示，而警告消息则可被记录到一个文件中。

【例 4-11】 实现守护进程的完整实例(每隔 10 ms 在 /tmp/dameon.log 中写入一句话)。

```c
#include <stdio.h>
#include <stdlib.h>
#include <string.h>
#include <fcntl.h>
#include <sys/types.h>
#include <unistd.h>
#include <sys/wait.h>
int main()
{
    pid_t pc, pid;
    int i, fd, len;
    char *buf = "this is a Dameon\n";
    len = strlen(buf);
    pc = fork();              //第 1 步，创建子进程
    if(pc < 0)
    {
        printf("error fork\n");
        exit(1);
    }
    else if(pc>0)
        exit(0);             //父进程退出
    pid = setsid();                     //第 2 步，在子进程中创建新会话
    if (pid < 0)
```

```
    perror("setsid error");
chdir("/");                              //第 3 步，改变当前工作目录
for(i=0; i<getdtablesize(); i++)         //第 4 步，关闭文件描述符
    close(i);
umask(0);                                //第 5 步，重设文件权限掩码
while(1)                                 //每隔 10 ms 在/tmp/dameon.log 中写入一句话
{
    if(fd = open("/tmp/daemon.log", O_CREAT | O_WRONLY | O_APPEND, 0600)<0)
    {
        perror("open");
        exit(1);
    }
    write(fd, buf, len+1);
    close(fd);
    usleep(10*1000); //10 ms
}
return 0;
}
```

运行结果分析如下：

(1) 程序运行后没有输出，关闭终端后，利用 ps 命令查看，运行的守护进程还在后台继续运行。

(2) 打开 daemon.log 文件查看，文件写入正常。

(3) 通过 kill 命令将守护进程杀掉。

4.4.4　进程间的通信

进程间通信就是在不同进程之间传播或交换信息。每个进程都有不同的用户地址空间，任何进程的全局变量在另一个进程中都看不到，所以进程之间要交换数据必须通过内核，在内核中开辟一块缓冲区，进程 1 把数据从用户空间拷到内核缓冲区，进程 2 再从内核缓冲区把数据读走，内核提供的这种机制称为进程间通信(InterProcess Communication，IPC)，如图 4-8 所示。

在嵌入式 Linux 系统中主要使用以下几种进程间的通信方式：

(1) 管道及有名管道(Pipe and Named Pipe)：管道可用于具有亲缘关系进程间的通信，有名管道除了具有管道的功能外，还允许无亲缘关系进程之间的通信。

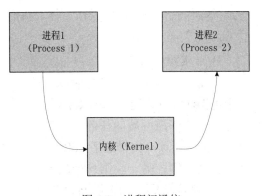

图 4-8　进程间通信

(2) 共享内存(Shared Memory)：这是一种运行效率较高的通信机制，它使得多个进程可以访问同一块内存空间，不同进程可以及时看到对方进程对共享数据的更新。这种方式需要与其他通信机制(如信号量)结合使用，来达到进程间的同步和互斥。

(3) 消息队列(Message Queue)：消息队列是消息的链接表，包括 Posix 消息队列和 SystemV 消息队列。消息队列克服了前两种方式承载信息量少、管道只能承载无格式字节流以及缓冲区大小受限等缺点。有足够权限的进程可以向队列中添加消息，被赋予读权限的进程则可以读走队列中的消息。

(4) 信号(Signal)：信号是比较复杂的通信方式，用于通知接收进程有某种事件发生，除了用于进程间通信外，进程还可以发送信号给进程本身；Linux 除了支持 Unix 早期信号语义函数 sigal 外，还支持语义符合 Posix 标准的信号函数 sigaction。

(5) 信号量(Semaphore)：主要作为进程间以及同一进程不同线程之间同步的手段。

(6) 套接字(Socket)：这是更为一般的进程间通信机制，可用于网络中不同机器之间的进程间通信，应用广泛。

接下来我们将重点介绍管道通信和共享内存通信这两种进程间通信的方式。

1. 管道通信

1) 管道的创建

管道是基于文件描述符的通信方式，当一个管道建立时，它会创建两个文件描述符 fd[0] 和 fd[1]，其中 fd[0] 固定用于读管道，而 fd[1] 固定用于写管道，无名管道的建立比较简单，可以使用 pipe 函数来实现，其函数原型如下：

```
#include <unistd.h>

int pipe(int fd[2])
```

说明：参数 fd[2] 表示管道的两个文件描述符，之后就可以直接操作这两个文件描述符；函数调用成功则返回 0，失败返回 -1。

2) 管道的关闭

使用 pipe 函数创建一个管道，就相当于给文件描述符 fd[0] 和 fd[1] 赋值，之后我们对管道的操作就像对文件的操作一样，我们也可以使用 close 函数来关闭文件，关闭了 fd[0] 和 fd[1] 就关闭了管道。

3) 管道操作实例

下面结合实例介绍管道的读写操作，父子进程通过管道通信如图 4-9 所示。需要注意的是，管道两端的任务是固定的，即一端只能用于读，由描述字 fd[0] 表示，称其为管道读端；另一端则只能用于写，由描述字 fd[1] 来表示，称其为管道写端。如果试图从管道写端读取数据，或者向管道读端写入数据都将导致错误发生。要想对

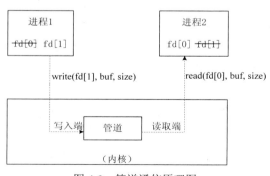

图 4-9　管道通信原理图

管道进行读写，可以使用文件 I/O 函数，如 read、write 等。

管道操作的写入函数如下：

write(fd[1], buf, size);

功能：把 buf 中的长度为 size 的字符串送入管道入口 fd[1]。

fd[1]：pipe 入口。

buf：存放消息的缓冲区。

size：要写入的字符长度。

管道操作的读取函数如下：

read(fd[0], buf, size);

　fd[0]：pipe 的出口。

功能：从 pipe 出口 fd[0]读出长度为 size 的字符串置入 buf 中。

在用户程序中，fd[0]指向管道的读出端，fd[1]指向管道的写入端。所以，管道在用户程序看起来就像一个打开的文件，通过 read(fd[0])函数或者 write(fd[1])函数从这个文件读数据或者向这个文件写数据其实都是在读写内核缓冲区。

下述例子实现了子进程通过管道向父进程写数据的过程。

【例 4-12】　子进程通过管道向父进程写数据。

```
/*****pipe.c*******/
#include <unistd.h>
#include <sys/types.h>
#include <errno.h>
#include <stdio.h>
#include <stdlib.h>
#include <string.h>
int main()
{   int      fd[2], nbytes;
    pid_t    childpid;
    char     string[] = "Hello, world!\n";
    char     readbuffer[80];
    if(pipe(fd)<0)            /*调用 pipe(fd)新建一个管道，如果调用成功, pipe 函数返回值为 0,
                               得到两个文件描述符指向管道的两端*/
    {
        printf("创建失败\n");
        return -1;
    }
    if((childpid = fork()) == -1)   /*父进程调用 fork 创建子进程，那么子进程也有两个文件
                                 描述符指向同一管道*/
    {
        perror("fork");
        exit(1);
```

```
        }
        if(childpid == 0)                        /*子进程*/
        {
            close(fd[0]);                        /*子进程关闭读取端*/
            sleep(3);                            /*暂停确保父进程已关闭相应的写描述符*/
            write(fd[1], string, strlen(string)); /*调用 write 函数把字符串写入管道*/
            close(fd[1]);                        /*关闭子进程写描述符*/
            exit(0);
        }
        else
        {
            close(fd[1]);                        /* 父进程关闭写端*/
            nbytes = read(fd[0], readbuffer, sizeof(readbuffer));
                                                 /* 调用 read 函数从管道中读取字符串 */
            printf("Received string: %s", readbuffer);
            close(fd[0]); /*关闭父进程读描述符*/
        }
        return(0);
    }
```

将程序保存为 pipe.c，使用 GCC 编译命令编译程序

```
[root@localhost jincheng]# gcc pipe.c -o pipe
```

运行结果如下：

```
[root@localhost jincheng]#./pipe
Received string: Hello, world!
```

注：管道具有如下特点：

(1) 管道是半双工的，数据只能向一个方向流动；双方通信时，需要建立起两个管道。

(2) 只能用于父子进程或者兄弟进程之间(具有亲缘关系的进程)。

(3) 单独构成一种独立的文件系统：管道对于管道两端的进程而言就是一个文件，对于它的读写也可以使用普通的 read、write 等函数。但它不是普通的文件，它不属于某种文件系统，而是自立门户，单独构成一种文件系统，并且只存在于内存中。

(4) 数据的读出和写入：一个进程向管道中写的内容被管道另一端的进程读出。写入的内容每次都添加在管道缓冲区的末尾，并且每次都是从缓冲区的头部读出数据。

2. 共享内存通信

共享内存区域是被多个进程共享的一部分物理内存。如果多个进程都把该内存区域映射到自己的虚拟地址空间，则这些进程就都可以直接访问该共享内存区域，从而可以通过该区域进行通信。共享内存是进程间共享数据的一种最快的方法，一个进程向共享内存区域写入了数据，共享这个内存区域的所有进程就可以立刻看到其中的内容，这块共享虚拟

内存的页面出现在每一个共享该页面的进程的页表中。共享内存通信原理如图 4-10 所示。

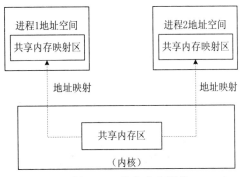

图 4-10　共享内存通信

从图 4-10 可以看出，共享内存的实现分为两个步骤：

第一步：在内核空间创建共享内存，即从内存中获得一块共享内存区域；

第二步：在进程的地址空间映射共享内存，即把创建的这块共享内存区域映射到进程空间中。

1) 创建共享内存

使用 shmget 函数创建共享内存，获得共享内存区域的 ID，其函数原型如下：

  int shmget(key_t key, size_t size, int shmflg);

返回值：shmget 函数成功时返回一个与 key 相关的共享内存标识符(非负整数)，用于后续的共享内存函数，调用失败返回 –1。其他进程可以通过该函数的返回值访问同一共享内存，它代表进程可能要使用的某个资源。程序对所有共享内存的访问都是间接的，程序先通过调用 shmget 函数提供一个键，再由系统生成一个相应的共享内存标识符(shmget 函数的返回值)，只有 shmget 函数才直接使用信号量键，所有其他的信号量函数使用由 semget 函数返回的信号量标识符。

第一个参数：共享内存的键值，多个进程可以通过它访问同一个共享内存。常用一个特殊值 IPC_PRIVATE 创建当前进程的私有共享内存。

第二个参数：size 以字节为单位指定共享内存的容量。

第三个参数：shmflg 是权限标志，它的作用与 open 函数的 mode 参数一样，如果要想在 key 标识的共享内存不存在时创建它，可以使用 IPC_CREAT。共享内存的权限标志与文件的读写权限一样，举例来说，0644 表示允许一个进程创建的共享内存被内存创建者所拥有的进程向共享内存读取和写入数据，同时其他用户创建的进程只能读取共享内存。

【例 4-13】　创建一个共享内存区域。

```
#include <stdio.h>
#include <stdlib.h>
#include <sys/shm.h>
int main()
{
    int shm_id;
```

```
        shm_id = shmget(IPC_PRIVATE, 4096, 0666);    //创建共享内存区域
        if(shm_id < 0)
        {
            perror("shmget id < 0 ");
            exit(0);
        }
        printf("id number: %d   \n", shm_id);           //显示共享内存标识符
        system("ipcs -m");                              //显示当前共享内存状况
    }
```

将程序保存为 shmget.c，使用 GCC 编译命令编译程序：

```
[root@localhost jincheng]# gcc shmget.c -o shmget
```

运行结果如下：

```
[root@localhost jincheng]#./ shmget
id number: 589840
```

------ Shared Memory Segments --------

key	shmid	owner	perms	bytes	nattch	status
0x00000000	65536	root	600	393216	2	dest
0x00000000	98305	root	600	393216	2	dest
0x00000000	131074	root	600	393216	2	dest
0x00000000	163843	root	600	393216	2	dest
0x00000000	196612	root	600	393216	2	dest
0x00000000	229381	root	600	393216	2	dest
0x00000000	262150	root	600	393216	2	dest
0x00000000	294919	root	600	393216	2	dest
0x00000000	327688	root	600	393216	2	dest
0x00000000	360457	root	600	393216	2	dest
0x00000000	393226	root	600	393216	2	dest
0x00000000	425995	root	600	393216	2	dest
0x00000000	458764	root	600	393216	2	dest
0x00000000	491533	root	600	393216	2	dest
0x00000000	524302	root	600	393216	2	dest
0x00000000	557071	root	666	4096	0	
0x00000000	589840	root	666	4096	0	

2) 建立进程空间到共享内存的映射

使用 shmat 函数把共享内存区域映射到调用进程的地址空间中，这样，进程就可以方便地对共享区域进行访问操作。函数原型如下：

```
void *shmat(int shm_id, const void *shm_addr, int shmflg);
```

函数返回值：调用成功时返回一个指向共享内存第一个字节的指针，如果调用失败返回 −1。

第一个参数：shm_id 是由 shmget 函数返回的共享内存标识。

第二个参数：shm_addr 指定共享内存连接到当前进程中的地址位置，通常取值为 0，表示由系统自动分配地址。

第三个参数：shm_flg 是一组标志位，设置共享内存的操作权限，若取值为 0，表示可对共享内存进行读写操作。

【例 4-14】　建立一个映射到例 4-13 所建共享内存的进程，并向共享内存中写数据。

```
#include <stdio.h>
#include <sys/shm.h>
#include <stdlib.h>
int main(int argc, char *argv[])
{
    int    shm_id;
    char   *shm_buf;
    shm_id = atoi(argv[1]);    //获取要建立映射的共享内存(由命令行输入)
    shm_buf = shmat(shm_id, 0, 0); //返回映射区的地址
    printf("wrire data to memory:  \n");
    sprintf (shm_buf, "abcdefghijklmn!"); //通过映射区写入数据到共享内存
    printf("%s \n", shm_buf);
}
```

将程序保存为 shmwr.c，使用 GCC 编译命令编译程序

```
[root@localhost jincheng]# gcc shmwr.c -o shmwr
```

运行 shmwr，需要在命令行中指定共享内存的标示符，运行结果如下：

```
[root@localhost jincheng]#./ shmwr 589840
wrire data to memory:
abcdefghijklmn!
```

【例 4-15】　建立一个从共享内存中读取数据的进程。

```
#include <stdio.h>
#include <sys/shm.h>
int main(int argc, char *argv[])
{
    int shm_id;
    char *shm_buf, str[20];
    shm_id = atoi(argv[1]);
    shm_buf = shmat(shm_id, 0, 0);
    printf("read from shared memory: \n");
    sprintf(str, shm_buf);    //通过映射区读取共享内存的数据到字符数组 str
    printf("%s \n", str);
}
```

将程序保存为 shmread.c，使用 GCC 编译命令编译程序

```
[root@localhost jincheng]# gcc shmread.c -o shmread
```

运行 shmread，需要在命令行中指定共享内存的标示符，运行结果如下：

```
[root@localhost jincheng]#./ shmread 589840

read from shared memory:

abcdefghijklmn!
```

3) 对共享内存进行操作

进程与共享内存建立映射后就可以使用 shmctl 函数在进程中对共享内存进行操作，shmctl 函数原型如下：

```
int shmctl(int shm_id, int command, struct shmid_ds *buf);
```

第一个参数：shm_id 是 shmget 函数返回的共享内存标识符。

第二个参数：command 是要采取的操作，它可以取下面的 3 个值：

IPC_STAT：把 shmid_ds 结构中的数据设置为共享内存的当前关联值，即用共享内存的当前关联值覆盖 shmid_ds 的值。

IPC_SET：如果进程有足够的权限，就把共享内存的当前关联值设置为 shmid_ds 结构中给出的值。

IPC_RMID：删除共享内存段。

第三个参数：buf 是一个结构指针，它指向共享内存模式和访问权限的结构。

```
struct shmid_ds
{
    uid_t shm_perm.uid;
    uid_t shm_perm.gid;
    mode_t shm_perm.mode;
}
```

4) 将共享内存从当前进程中分离

Shmdt 函数用于解除进程到共享内存的映射，即将共享内存从当前进程中分离。将共享内存分离并不是删除它，只是使该共享内存对当前进程不可用。

函数原型如下：

```
int shmdt(const void *shmaddr);
```

参数 shmaddr 是 shmat 函数返回的地址指针，调用成功时返回 0，失败时返回 −1。

【例 4-16】 解除一个进程到共享内存的映射，并释放内存空间。

```
#include <stdio.h>
#include <sys/shm.h>
int main(int argc, char *argv[])
{
    int shm_id;
    char *shm_buf;
    shm_id = atoi(argv[1]);
```

```
    shm_buf = shmat(shm_id, 0, 0);          //定位映射地址
    shmdt(shm_buf);                         //解除进程到共享内存的映射
    shmctl(shm_id, IPC_RMID, NULL);         //释放共享内存空间
    system("ipcs -m");
}
```

将程序保存为 shmdt.c，使用 GCC 编译命令编译程序

> [root@localhost jincheng]# gcc shmdt.c -o shmdt

运行 shmdt，需要在命令行中指定共享内存的标示符，运行结果如下：

> [root@localhost jincheng]#./ shmdt 589840

------ Shared Memory Segments --------

key	shmid	owner	perms	bytes	nattch	status
0x00000000	65536	root	600	393216	2	dest
0x00000000	98305	root	600	393216	2	dest
0x00000000	131074	root	600	393216	2	dest
0x00000000	163843	root	600	393216	2	dest
0x00000000	196612	root	600	393216	2	dest
0x00000000	229381	root	600	393216	2	dest
0x00000000	262150	root	600	393216	2	dest
0x00000000	294919	root	600	393216	2	dest
0x00000000	327688	root	600	393216	2	dest
0x00000000	360457	root	600	393216	2	dest
0x00000000	393226	root	600	393216	2	dest
0x00000000	425995	root	600	393216	2	dest
0x00000000	458764	root	600	393216	2	dest
0x00000000	491533	root	600	393216	2	dest
0x00000000	524302	root	600	393216	2	dest
0x00000000	557071	root	666	4096	0	

从结果可以看出，标识符为 589840 的共享内存已释放。

4.5 嵌入式 Linux 线程编程

4.5.1 线程的概念

使用多线程的理由之一，是和进程相比它是一种非常"节俭"的多任务操作方式。我们知道，在 Linux 系统下，启动一个新的进程必须分配给它独立的地址空间，建立众多的数据表来维护它的代码段、堆栈段和数据段，这是一种"昂贵"的多任务工作方式。而运行于一个进程中的多个线程，它们彼此之间使用相同的地址空间，共享大部分数据，启动

一个线程所花费的空间远远小于启动一个进程所花费的空间；而且，线程间彼此切换所需的时间也远远小于进程间切换所需要的时间。

使用多线程的理由之二是线程之间方便的通信机制。对不同的进程来说，它们具有独立的数据空间，要进行数据的传递只能通过进程通信的方式，不仅费时，而且很不方便。但同一进程下的线程之间共享数据空间，所以一个线程的数据可以直接被其他线程所用，这不仅快捷，而且方便。当然，数据的共享也带来其他一些问题，有的变量不能同时被两个线程所修改，有的子程序中声明为 static 的数据更有可能给多线程程序带来灾难性的后果，这些正是编写多线程程序需要注意的地方。

除了以上优点外，和进程相比，多线程程序作为一种多任务、并发的工作方式，还有以下的优点：

(1) 提高应用程序响应，这对图形界面的程序尤其有意义。当一个操作耗时很长时(例如读写一个文件的操作)，整个系统都会等待这个操作，此时程序不会响应键盘、鼠标、菜单的操作；而使用多线程技术，将耗时长的操作(time consuming)置于一个新的线程可以避免这种情况。

(2) 使多 CPU 系统更加有效。操作系统会保证当线程数不大于 CPU 数目时，不同的线程运行于不同的 CPU 上。

(3) 改善程序结构。一个既长又复杂的进程可以考虑分为多个线程，成为几个独立或半独立的运行部分，这样的程序会利于理解和修改。

下面我们通过编写一个简单的程序来认识多线程。

4.5.2 简单的多线程编程实例

Linux 系统下的多线程遵循 POSIX 线程接口，称为 pthread。编写 Linux 下的多线程程序需要使用头文件"pthread.h"，连接时需要使用库文件"libpthread.a"。下面是一个最简单的多线程程序 thread1.c。

【例4-17】 一个最简单的多线程程序。

```
/* thread1.c*/
#include <pthread.h>
#include <unistd.h>
#include <stdio.h>
void * thread(void * str)
{
    int i;
    for(i = 0; i<6; i++)
    {
        sleep(2);
        printf("This in the thread:%d\n", i);
    }
    return NULL;
}
```

```
int main()
{
    pthread_t pth;
    int i;
    int ret;
    ret = pthread_create(&pth, NULL, thread, (void *)(i));
    printf("Test start\n");
    for(i = 0;i<6;i++)
    {
        sleep(1);
        printf("This in the main:%d\n", i);
    }
    pthread_join(pth, NULL);
    return 0;
}
```

保存并编译上述程序：

    [root@localhost mydir]# gcc thread1.c -lpthread -o thread1

运行 thread1，我们得到如下结果：

    [root@localhost mydir]# ./thread1

    Test start

    This in the main:0

    This in the thread:0

    This in the main:1

    This in the main:2

    This in the thread:1

    This in the main:3

    This in the main:4

    This in the thread:2

    This in the main:5

    This in the thread:3

    This in the thread:4

    This in the thread:5

再次运行，结果可能不同，这是两个线程争夺 CPU 资源的结果。

上面的例子中，我们使用到了两个函数，pthread_create 和 pthread_join，并声明了一个 pthread_t 型的变量，下面对其进行介绍。

1. 线程标识符

线程标识符类型 pthread_t 在头文件 /usr/include/bits/pthreadtypes.h 中定义如下：

    typedef unsigned long int pthread_t;

2．创建线程

线程的创建是通过函数 pthread_create 来完成的，其函数原型如下：

    #include <pthread.h>

    int pthread_create(pthread_t *thread, pthread_attr_t *attr, void* (*start_routine)(void*), void *arg)

函数参数：

thread：该参数是一个指针，当线程创建成功时，用来返回创建的线程的 ID。

attr：用于指定线程的属性，NULL 表示使用默认属性。

start_routine：指向线程创建后要调用的函数，这个线程调用的函数也称为线程函数。

arg：指向传递给线程函数的参数。

函数返回值为 0，若不为 0 则说明创建线程失败，常见的错误返回代码为 EAGAIN 和 EINVAL。前者表示系统限制创建新的线程，例如线程数目过多了；后者表示第二个参数代表的线程属性值非法。创建线程成功后，新创建的线程则运行参数三和参数四确定的函数，原来的线程则继续运行下一行代码。

这里，我们的函数 thread 不需要参数，所以最后一个参数设为空指针。第二个参数我们也设为空指针，这样将生成默认属性的线程。

3．线程终止

Linux 下有两种方式可以终止线程，第一种是通过 return 从线程函数返回，第二种是通过调用 pthread_exit 使线程退出。pthread_exit 在头文件 pthread.h 中声明，该函数原型如下：

    #include<pthread.h>

    void pthread_exit(void *retval);

有两种情况要注意，一种情况是在主线程中，如果从 main 函数返回或是调用了 exit 函数退出主线程，则整个进程将终止，此时进程中所有线程也将终止，因此在主线程中不能过早地从 main 函数返回。另一种情况是如果主线程调用 pthread_exit 函数，则仅仅是主线程消亡，进程不会结束，进程内的其他线程也不会终止，直到所有线程结束，进程才会结束。

4．阻塞调用线程

函数 pthread_join 用来阻塞调用线程，直到指定的线程终止，该函数也在头文件 pthread.h 中声明，原型如下：

    #include<pthread.h>

    void pthread_join(void phtread_t th, void* thread_return);

参数 th 是指定的线程，thread_return 是线程退出的返回值。

以上是一个最简单的线程实例，通过这个实例我们掌握了最常用的三个函数 pthread_create、pthread_join 和 pthread_exit 的使用。

4.5.3 多线程访问控制

多线程编程的主要问题是对共享数据的保护，即在多个线程同时访问同一个数据时保证数据的读写安全。pthread 线程一般通过线程互斥锁(pthread mutex)和信号量两种机制来完成数据的保护。

1. 互斥锁

互斥锁用来保证一段时间内只有一个线程在执行一段代码。

1) 函数 pthread_mutex_init

函数 pthread_mutex_init 用来生成一个互斥锁，NULL 参数表明使用默认属性。如果需要声明特定属性的互斥锁，须调用函数 pthread_mutexattr_init。

2) 函数 pthread_mutex_lock、pthread_mutex_unlock 和 pthread_delay_np

函数 pthread_mutex_lock 声明开始用互斥锁上锁，此后的代码直至调用 pthread_mutex_unlock 为止均被上锁，即同一时间只能被一个线程调用执行。当一个线程执行到 pthread_mutex_ lock 处时，如果该锁此时被另一个线程使用，那么此线程被阻塞，即程序将等待到另一个线程释放此互斥锁。

互斥锁用来保证一段时间内只有一个线程在执行一段代码。必要性显而易见：假设各个线程同时向同一个文件顺序写入数据，最后得到的结果一定是灾难性的。

我们先看下面一段代码。这是一个读/写程序，它们共用一个缓冲区，并且我们假定一个缓冲区只能保存一条信息，即缓冲区只有两个状态：有信息或没有信息。

```
void reader_function ( void );
void writer_function (void);
char buffer;
int buffer_has_item = 0;
pthread_mutex_t mutex;
struct timespec delay;
void main ( void )
{
    pthread_t reader;
    /* 定义延迟时间*/
    delay.tv_sec = 2;
    delay.tv_nec = 0;
    /* 用默认属性初始化一个互斥锁对象*/
    pthread_mutex_init (&mutex, NULL);
    pthread_create(&reader, pthread_attr_default, (void *)&reader_function), NULL);
    writer_function( );
}
void writer_function (void)
{
    while(1)
    {
        /* 锁定互斥锁*/
        pthread_mutex_lock (&mutex);
        if (buffer_has_item == 0)
```

```
            {
                buffer = make_new_item( );
                buffer_has_item = 1;
            }
            /*打开互斥锁*/
            pthread_mutex_unlock(&mutex);
            pthread_delay_np(&delay);
        }
    }
    void reader_function(void)
    {
        while(1)
        {
            pthread_mutex_lock(&mutex);
            if(buffer_has_item == 1)
            {
                consume_item(buffer);
                buffer_has_item = 0;
            }
            pthread_mutex_unlock(&mutex);
            pthread_delay_np(&delay);
        }
    }
```

这里声明了互斥锁变量 mutex，结构 pthread_mutex_t 为不公开的数据类型，其中包含一个系统分配的属性对象。函数 pthread_mutex_init 用来生成一个互斥锁。NULL 参数表明使用默认属性。在上面的例子中，我们使用了 pthread_delay_np 函数，让线程睡眠一段时间，就是为了防止一个线程始终占据此函数。

需要注意的是，在使用互斥锁的过程中很有可能会出现死锁。两个线程试图同时占用两个资源，并按不同的次序锁定相应的互斥锁。例如，两个线程都需要锁定互斥锁 1 和互斥锁 2，a 线程先锁定互斥锁 1，b 线程先锁定互斥锁 2，这时就出现了死锁。此时我们可以使用函数 pthread_mutex_trylock，它是函数 pthread_mutex_lock 的非阻塞版本，当它发现死锁不可避免时，它会返回相应的信息，程序员可以针对死锁做出相应的处理。另外，不同的互斥锁类型对死锁的处理不一样，但最主要的还是要程序员自己在程序设计中注意这一点。

【例 4-18】 创建两个线程来实现对一个数的递增。

```
#include <pthread.h>
#include <stdio.h>
#include <sys/time.h>
#include <string.h>
```

```c
#define MAX 10
pthread_t thread[2];
pthread_mutex_t mut;
int number = 0, i;
void *thread1()
{
    printf ("thread1 : I'm thread 1\n");
    for (i = 0; i< MAX; i++)
    {
        printf("thread1 : number = %d\n", number);
        pthread_mutex_lock(&mut);
        number++;
        pthread_mutex_unlock(&mut);
        sleep(2);
    }
    pthread_exit(NULL);
}

void *thread2()
{
    printf("thread2 : I'm thread 2\n");
    for (i = 0; i < MAX; i++)
    {
        printf("thread2 : number = %d\n", number);
        pthread_mutex_lock(&mut);
        number++;
        pthread_mutex_unlock(&mut);
        sleep(3);
    }
    pthread_exit(NULL);
}

void thread_create(void)
{
    int temp;
    memset(&thread, 0, sizeof(thread));
    /*创建线程*/
    if((temp = pthread_create(&thread[0], NULL, thread1, NULL)) != 0)
        printf("Creating thread 1 failed!\n");
```

```
        else
            printf("Thread 1 is created!\n");
        if((temp = pthread_create(&thread[1], NULL, thread2, NULL)) != 0)
            printf("Creating thread 2 failed!\n");
        else
            printf("Thread 2 is created!\n");
    }
    void thread_wait(void)
    {
        /*等待线程结束*/
        if(thread[0] != 0)
        {
            pthread_join(thread[0], NULL);
            printf("Thread 1 has ended\n");
        }
        if(thread[1] != 0)
        {
            pthread_join(thread[1], NULL);
            printf("Thread 2 has ended!\n");
        }
    }
    int main()
    {
        /*用默认属性初始化互斥锁*/
        pthread_mutex_init(&mut, NULL);
        printf("I am the main function, I am creating the thread!\n");
        thread_create();
        printf("I am the main function, I'm waiting for the thread1 and thread2 to complete the task!\n");
        thread_wait();
        return 0;
    }
```

将程序保存为 thread_add.c，使用 GCC 编译命令编译程序：

```
[root@localhost jincheng]#gcc thread_add.c –o thread_add –lpthread
```

运行结果如下：

```
[root@localhost jincheng]# ./thread_add
I am the main function, I am creating the thread!
Thread 1 is created!
Thread 2 is created!
I am the main function, I'm waiting for the thread1 and thread2 to complete the task!
```

thread1 : I'm thread 1

thread1 : number = 0

thread2 : I'm thread 2

thread2 : number = 1

thread1 : number = 2

thread2 : number = 3

thread1 : number = 4

thread2 : number = 5

thread1 : number = 6

thread1 : number = 7

thread2 : number = 8

thread1 : number = 9

thread2 : number = 10

Thread 1 has ended

Thread 2 has ended!

再次运行，结果如下：

[root@localhost jincheng]# ./thread_add

I am the main function, I am creating the thread!

thread1 : I'm thread 1

thread1 : number = 0

Thread 1 is created!

thread2 : I'm thread 2

thread2 : number = 1

Thread 2 is created!

I am the main function, I'm waiting for the thread1 and thread2 to complete the task!

thread1 : number = 2

thread2 : number = 3

thread1 : number = 4

thread1 : number = 5

thread2 : number = 6

thread1 : number = 7

thread2 : number = 8

thread1 : number = 9

thread2 : number = 10

Thread 1 has ended

Thread 2 has ended!

2. 信号量

信号量本质上是一个非负的整数计数器，它被用来控制对公共资源的访问。当公共资源增加时，调用函数 sem_post 增加信号量。只有当信号量值大于 0 时，才能使用公共资源，使用后，函数 sem_wait 减少信号量。函数 sem_trywait 是函数 sem_wait 的非阻塞版本。下面我们逐个介绍和信号量有关的一些函数，它们都在头文件/usr/include/semaphore.h 中定义。

1）创建信号量

信号量的数据类型为结构 sem_t，它本质上是一个长整型的数。函数 sem_init 用来初始化一个信号量，它的原型如下：

```
#include <semaphore.h>

    int sem_init(sem_t *sem, int pshared, unsigned int value);
```

Sem：指向信号量结构的一个指针。

Pshared：不为 0 时此信号量在进程间共享，否则只能为当前进程的所有线程共享。

Value：给出了信号量的初始值。

函数调用成功返回 0，失败返回 –1，错误原因存于 errno。

2）释放一个信号资源

当访问离开临界区时，要释放对应的信号量资源，可以通过 sem_post 完成。该函数用来增加信号量的值。当有线程阻塞在这个信号量上时，调用这个函数会使其中的一个线程不再阻塞，选择机制同样是由线程的调度策略决定的。sem_post 的原型如下：

```
#include <semaphore.h>

    sem_post(sem_t *sem);
```

sem：操作的信号量。

函数调用成功返回 0，失败返回 –1，错误原因存于 errno。

3）申请一个信号资源

函数 sem_wait 被用来阻塞当前线程直到信号量 sem 的值大于 0，解除阻塞后将 sem 的值减 1，表明公共资源经使用后减少。函数 sem_trywait(sem_t *sem)是函数 sem_wait 的非阻塞版本，它直接将信号量 sem 的值减 1。sem_wait 函数的原型如下：

```
    sem_wait( sem_t *sem );
```

sem：指向的对象是由 sem_init 调用初始化的信号量。

函数调用成功返回 0，失败返回 –1，错误原因存于 errno。

4）销毁信号量

函数 sem_destroy 用来释放信号量 sem。sem_destroy 函数的原型如下：

```
    sem_destroy(sem_t *sem);
```

sem：指向的对象是由 sem_init 调用初始化的信号量。

函数调用成功返回 0，失败返回 –1，错误原因存于 errno。

【例 4-19】 在主线程中创建了一个新线程，用来统计输入的字符串中字符的个数。信号量用来控制两个线程对存储字符串数组的访问。

```
#include <stdio.h>

#include <unistd.h>

#include <stdlib.h>

#include <string.h>
```

```
#include <pthread.h>
#include <semaphore.h>
//线程函数
void *thread_function(void *arg);
sem_t bin_sem;//信号量对象
#define WORK_SIZE 1024
char work_area[WORK_SIZE];//工作区
int main()
{
    int res;
    pthread_t a_thread;
    void *thread_result;
    res = sem_init(&bin_sem, 0, 0);//初始化信号量对象
    if(res)//初始化信号量失败
    {
        perror("Semaphore initialization failed\n");
        exit(EXIT_FAILURE);
    }
    //创建新线程
    res = pthread_create(&a_thread, NULL, thread_function, NULL);
    if(res)
    {
        perror("Thread creation failed\n");
        exit(EXIT_FAILURE);
    }
    printf("Input some text.Enter 'end' to finish\n");
    while(strncmp("end", work_area, 3) != 0)
    {    //输入没有结束
        fgets(work_area, WORK_SIZE, stdin);
        sem_post(&bin_sem);//给信号量值加 1
    }
    printf("waiting for thread to finish\n");
    //等待子线程结束，收集子线程信息
    res = pthread_join(a_thread, &thread_result);
    if(res)
    {
        perror("Thread join failed\n");
        exit(EXIT_FAILURE);
    }
```

```
        printf("Thread joined\n");
        //销毁信号量对象
        sem_destroy(&bin_sem);
        exit(EXIT_SUCCESS);
    }


    void *thread_function(void *arg)
    {
        sem_wait(&bin_sem);          //将信号量值减 1。
        while(strncmp("end", work_area, 3))
        {
            printf("You input %d characters\n", strlen(work_area) - 1);
            sem_wait(&bin_sem);
        }
        pthread_exit(NULL);          //线程终止执行
    }
```

将程序保存为 sem.c，使用 GCC 编译命令编译程序

```
[root@localhost jincheng]#gcc sem.c –o sem –lpthread
```

运行结果如下：

```
[root@localhost jincheng]#./sem
Input some text.Enter 'end' to finish
dwgetahu
You input 8 characters
fdhisauyuugh
You input 12 characters
fdhaosh
You input 7 characters
end
waiting for thread to finish
Thread joined
```

习　题　4

1. 选择题

(1) 不带缓存的文件 I/O 操作函数不包括(　　)。

A. fopen　　　　　　B. read　　　　　　C. write　　　　　　D. open

(2) open 函数原型中的 O_RDWR 标志表示文件打开方式为(　　)。

A. 只读方式打开文件

B. 可写方式打开文件

C. 读写方式打开文件

D. 以添加方式打开文件，在打开文件的同时文件指针指向文件末尾

(3) open 函数调用错误时，函数返回值为(　　)。

A. −1　　　　　　　　B. 0　　　　　　　　C. 1　　　　　　　　D. 2

(4) 在 Linux 操作系统中，串口设备的设备名一般为(　　)。

A. COM1　　　　　　B. port1　　　　　　C. ttyS0　　　　　　D. serl1

(5) 串口参数主要通过设置 struct termios 结构体的各成员值来实现，下面(　　)不是各成员值支持的设置方式。

A. 与　　　　　　　　B. 或　　　　　　　　C. 赋值

(6) 串口参数主要通过设置 struct termios 结构体的各成员值来实现，下面(　　)用来实现设置波特率参数。

A. newtio.c_cflag |= 115200　　　　　　B. cfsetispeed(&newtio, B115200)

C. options.c_cflag |= B115200　　　　　　D. newtio.c_cflag = ~CS115200

(7) 下面(　　)是对进程概念的错误描述。

A. 进程是一个独立的可调度的活动

B. 进程是一个抽象实体，当它执行某个任务时，将要分配和释放各种资源

C. 进程是可以并行执行的计算部分

D. 进程是保存在磁盘上的指令的有序集合

(8) 下面(　　)对进程的描述是错误的。

A. 进程是一个静态的概念

B. 进程包括动态创建、调度和消亡的整个过程

C. 进程是程序执行和资源管理的最小单位

D. 当用户在系统中键入命令执行一个程序的时候，它将启动一个进程

(9) 下面(　　)对进程标识的描述是错误的。

A. PID 唯一地标识一个进程　　　　　　B. PPID 唯一地标识一个进程

C. PID 是非零的正整数　　　　　　　　D. PPID 是非零的正整数

(10) 进程的三种状态为(　　)。

A. 准备态、执行态和退出态　　　　　　B. 精确态、模糊态和随机态

C. 运行态、就绪态和等待态　　　　　　D. 手工态、自动态和自由态

(11) 下面(　　)不是 Linux 操作系统下常见的进程调度命令。

A. bg　　　　　　　　B. kill　　　　　　　C. open　　　　　　　D. ps

(12) 下面(　　)对 Linux 操作系统下 fork 函数的描述是错误的。

A. fork 函数执行一次返回两个值

B. 新进程称为子进程，而原进程称为父进程

C. 父进程返回值为子进程的进程号

D. 子进程返回值为父进程的进程号

(13) 下面(　　)对 Linux 操作系统下 exit 和 _exit 函数的描述是错误的。

A. _exit 函数的作用是直接使进程停止运行，清除其使用的内存空间，并清除其在内

核中的各种数据结构

B. exit 函数在调用 exit 退出系统之前要检查文件的打开情况

C. exit 函数直接将进程关闭，此时缓冲区中的数据将会丢失

D. 想保证数据的完整性，就一定要使用 exit 函数

(14) 下面( )对 Linux 操作系统下 wait 和 waitpid 函数的描述是错误的。

A. wait 函数用于使父进程(即调用 wait 的进程)阻塞，直到一个子进程结束或者该进程接到了一个指定的信号为止

B. wait 函数调用时，如果该父进程没有子进程或者他的子进程已经结束，则 wait 就会立即返回

C. waitpid 函数用于使父进程(即调用 wait 的进程)阻塞，并可提供一个非阻塞版本的 wait 功能

D. waitpid 函数不支持作业控制

(15) 编写守护进程的第一步为( )。

A. 创建子进程，父进程退出　　　　　　B. 在子进程中创建新会话

C. 改变当前目录为根目录　　　　　　　D. 关闭文件描述符

2. 简答题

(1) 什么是进程？怎样区分子进程和父进程？

(2) 多线程程序的优点是什么？

3. 编程题

(1) 编写一个可以对文件进行打开、读写操作的程序。

(2) 编写一个程序，由 fork 创建的子进程执行任意 exec 函数，调用当前目录下的一个可执行程序。

(3) 编写程序，创建两个子进程，由主进程建立共享内存，一个子进程写数据到共享内存中，再由另一个子进程读出数据。

(4) 编写一个程序，创建 3 个线程，通过全局变量的方式实现多个线程之间数据的通信。

实训项目四　嵌入式 Linux 文件 I/O 及多任务编程

任务 1　嵌入式 Linux 文件读写

实训目标

(1) 了解文件描述符、系统调用的概念；

(2) 掌握 Linux 下文件 I/O 编程方法。

实训设备

硬件：PC 机，UP-CUP S2410 实验箱或 ARM 开发板。

软件：VMware Workstation 虚拟机、Linux 操作系统。

实训内容

(1) 编写代码，实现以下文件操作基本功能：

① 创建一个文件；

② 向文件中写入一串字符；

③ 从文件中读取数据并显示；

④ 关闭文件。

参考代码如下：

```c
#include <unistd.h>
#include <sys/types.h>
#include <sys/stat.h>
#include <fcntl.h>
#include <stdlib.h>
#include <stdio.h>
#include <string.h>
#define MAXSIZE
int main(void)
{
    int fd;
    fd = open_file();
    write_file(fd);
    read_file(fd);
    exit_file(fd);
}
int open_file()
{
    int fd;
    fd = open("/mnt/test/aabb.c",
    O_CREAT | O_TRUNC | O_RDWR, 0666 );
    printf("open file: aabb.c, fd = %d\n", fd);
    return (fd);
}
int write_file(int fd)
{
    int i, size, len;
    char *buf = "Hello! I'm writing to this file!";
    len = strlen(buf);
    size = write( fd, buf, len);
    printf("Write:%s\n", buf);
    return 0;
```

```
    }
    int read_file(int fd)
    {
        char buf_r[10];
        buf_r[10] = '\0';
        int size;
        lseek( fd, 0, SEEK_SET );
        size = read( fd, buf_r, 10);
        printf("read from file:%s\n", buf_r);
          return 0;
    }
    int exit_file(int fd)
    {   close(fd);
        printf("Close aabb.c\n");
        exit(0);
    }
```

(2) 将上述代码保存为 file_op.c，然后编译生成可执行文件并在 PC 机上运行，其命令如下：

> [root@localhost program]# gcc file_op.c -o file_op

(3) 用交叉编译工具重新编译，然后挂载至实验箱或开发板上运行。

① 交叉编译，其命令如下：

> [root@localhost program]# armv4l-unknown-linux-gcc file_op.c -o file_oparm

② 挂载执行。在主机上配置 NFS 服务器，设置其 IP 地址为 192.168.0.100，从超级终端进入 ARM 实验箱或者嵌入式开发板，输入以下命令将目标板可执行文件 file_oparm 在 ARM 实验箱或者嵌入式开发板上执行：

> [/mnt/yaffs] mount -t nfs -onolock 192.168.0.100:/home/program /mnt/yaffs
>
> [/mnt/yaffs] ./file_oparm

任务 2　使用管道实现父进程写数据，子进程读数据

实训目标

掌握进程通信和同步程序的编写。

实训设备

硬件：PC 机，UP-CUP S2410 实验箱或 ARM 开发板。

软件：VMware Workstation 虚拟机、Linux 操作系统。

实训内容

编写程序实现管道的创建、读写、关闭功能，实现父子进程通过管道交换数据，参考代码如下：

```c
#include <errno.h>
#include <stdio.h>
#include <stdlib.h>
#include <string.h>
#include <unistd.h>
#include <sys/types.h>
int handle_cmd(int cmd)    //子进程的命令处理函数
main()
{
    int pipe_fd[2];
    pid_t pid;
    char r_buf[4];
    char** w_buf[256];
    int childexit = 0;
    int i;
    int cmd;
    memset(r_buf, 0, sizeof(r_buf));
    if(pipe(pipe_fd) < 0)
    {
        printf("pipe create error\n");
        return -1;
    }
    pid = fork()
    if(pid == 0)          //子进程：解析从管道中获取的命令，并作相应的处理
    {
        printf("\n");
        close(pipe_fd[1]);
        sleep(2);
        while(!childexit)
        {
            read(pipe_fd[0], r_buf, 4);
            cmd = atoi(r_buf);
            if(cmd == 0)
            {
                printf("child: receive command from parent over\n");
                printf("now child process exit \n");
                childexit = 1;
            }
            else if(handle_cmd(cmd) != 0)
```

```
            return;
            sleep(1);
        }
        close(pipe_fd[0]);
        exit(0);
    }
    else if(pid>0)    //父进程：发送命令给子进程
    {
        close(pipe_fd[0]);
        w_buf[0] = "003";
        w_buf[1] = "005";
        w_buf[2] = "777";
        w_buf[3] = "000";
        for(i = 0; i < 4; i++)
            write(pipe_fd[1], w_buf[i], 4);
        close(pipe_fd[1]);
    }
}


int handle_cmd(int cmd)
{
    if((cmd < 0) || (cmd > 256))      //假设子进程最多支持 256 个命令行
    {
        printf("child: invalid command \n");
        return -1;
    }
    printf("child: the cmd from parent is %d\n", cmd);
    return 0;
}
```

任务 3   多线程解决"生产者—消费者"问题

实训目标

(1) 了解 Linux 下多线程程序设计的基本原理；

(2) 学习 pthread 库函数的使用；

(3) 学习多线程间通信的方法。

实训设备

硬件：PC 机，UP-CUP S2410 实验箱或 ARM 开发板。

软件：VMware Workstation 虚拟机、Linux 操作系统。

实训内容

(1) 读懂 pthread.c 的源代码，熟悉几个重要的 pthread 库函数的使用，掌握互斥锁和条件变量在多线程间通信的使用方法，分别画出生产者线程、消费者线程和主程序的流程图。

(2) 交叉编译 pthread.c，生成 ARM 可执行代码 pthread，在 ARM 实验箱上使用 NFS 方式挂载宿主机端实验目录，运行 pthread。

Pthread.c 代码如下：

```c
#include <stdio.h>
#include <stdlib.h>
#include <time.h>
#include "pthread.h"
#define BUFFER_SIZE 16
/* 定义一个存放整数的圆形缓冲区. */
struct prodcons {
        int buffer[BUFFER_SIZE];            /* 缓冲区数组 */
        pthread_mutex_t lock;               /* 互斥锁 */
        int readpos, writepos;              /* 读写的位置 */
        pthread_cond_t notempty;            /* 缓冲区非空信号 */
        pthread_cond_t notfull;             /* 缓冲区非满信号 */
};

/*-------------------------------------------------------*/
/* 初始化缓冲区 */
void init(struct prodcons * b)
{
        pthread_mutex_init(&b->lock, NULL);
        pthread_cond_init(&b->notempty, NULL);
        pthread_cond_init(&b->notfull, NULL);
        b->readpos = 0;
        b->writepos = 0;
}
/*-------------------------------------------------------*/
/* 向缓冲区中存放一个整数 */
void put(struct prodcons * b, int data)
{
pthread_mutex_lock(&b->lock); /*获取互斥锁*/
        /* 等待缓冲区非满 */
        while ((b->writepos + 1) % BUFFER_SIZE == b->readpos)/*如果读写位置相同*/
        {
```

```
                printf("wait for not full\n");
                pthread_cond_wait(&b->notfull, &b->lock);
            }
        /* 写数据并且指针前移  */
            b->buffer[b->writepos] = data;
            b->writepos++;
            if (b->writepos >= BUFFER_SIZE) b->writepos = 0;
        /* 设置缓冲区非空信号  */
            pthread_cond_signal(&b->notempty);//设置状态变量
            pthread_mutex_unlock(&b->lock); //释放互斥锁
}
/*-------------------------------------------------------*/
/* 从缓冲区中读出一个整数  */
int get(struct prodcons * b)
{
        int data;
        pthread_mutex_lock(&b->lock);//获取互斥锁
        /* 等待缓冲区非空  */
        while (b->writepos == b->readpos) {
            printf("wait for not empty\n");
            pthread_cond_wait(&b->notempty, &b->lock);
        }
        /* 读数据并且指针前移  */
        data = b->buffer[b->readpos]; //读取数据
        b->readpos++;
        if (b->readpos >= BUFFER_SIZE) b->readpos = 0;
        /* 设置缓冲区非满信号  */
        pthread_cond_signal(&b->notfull);
        pthread_mutex_unlock(&b->lock);
        return data;
}
/*-------------------------------------------------------*/
#define OVER (-1)
struct prodcons buffer;
/*-------------------------------------------------------*/
void * producer(void * data)
{
        int n;
        for (n = 0; n < 1000; n++) {
```

```
                printf(" put-->%d\n", n);
                put(&buffer, n);
            }
        put(&buffer, OVER);
        printf("producer stopped!\n");
        return NULL;
    }
/*----------------------------------------------------*/
void * consumer(void * data)
    {
        int d;
        while (1) {
            d = get(&buffer);
            if (d == OVER ) break;
            printf("                    %d-->get\n", d);
            }
        printf("consumer stopped!\n");
        return NULL;
    }
/*----------------------------------------------------*/
int main(void)
    {
        pthread_t th_a, th_b;
        void * retval;
        init(&buffer);
        pthread_create(&th_a, NULL, producer, 0);
        pthread_create(&th_b, NULL, consumer, 0);
     /* 等待生产者和消费者结束  */
        pthread_join(th_a, &retval);
        pthread_join(th_b, &retval);

        return 0;
    }
```

第 5 章　嵌入式数据库

随着微电子技术和存储技术的不断发展，嵌入式系统中 Flash 存储器等新型存储介质的容量不断增加，由此产生的大量不同种类的数据需要进行有效管理和快速处理。而那些仅适用于 PC 机的、体积庞大的、延时较长的数据库技术已不能满足资源受限的、专用的嵌入式系统开发的需求。嵌入式数据库具有体积小、简单易用、可剪裁等特点，为嵌入式系统的数据存储和管理提供了高效的解决方案。通过本章的学习，应掌握的内容如下：

(1) 关系数据库基本理论。

(2) 设计关系数据库的方法。

(3) SQLite 数据库的安装和移植。

(4) SQLite 数据库基本命令。

(5) C 语言编程实现对 SQLite 数据库的操作。

5.1　关系数据库基础

5.1.1　认识数据库

什么是数据库？我们首先来认识四个基本概念。

1. 数据(Data)

描述事物的符号记录称为数据(Data)。数据是数据库中存储的基本对象，广义上讲，现代计算机中能存储和处理的数字、文本、图像、视频、音频文件等对象都称为数据。例如，汽车控制数据库中气缸内的压力和温度、GPS 导航系统数据库中的电子地图、车载娱乐数据库中的音频和视频文件等都是数据。

数据与其语义不可分，例如 100 这个数据可以表示一件物品的价格是 100 元，也可以表示一个班的学生人数有 100 人，还可以表示货物的重量是 100 斤。

2. 数据库(Database)

数据库(Database，DB)是长期储存在计算机内的、有组织的、可共享的大量数据集合。例如学生信息数据库、交通信息数据库、商品交易数据库等。数据库中的数据按一定的数据模型组织、描述和储存，具有较小的冗余度、较高的数据独立性和易扩展性，并可为各种用户共享。

3. 数据库管理系统(DBMS)

数据库管理系统(Database Management System，DBMS)是位于用户与操作系统之间的一层数据管理软件，用于科学地组织和存储数据，高效地获取和维护数据。 DBMS 的主要功能包括数据定义功能、数据操纵功能、数据库的运行管理功能、数据库的建立和维护功能。

目前，在 PC 机上使用的数据库管理系统有 Oracle、Sybase、Informix、Microsoft SQL Server、Microsoft Access 等；在嵌入式设备上使用的嵌入式数据库管理系统主要包括 Berkeley DB、SQLite、eXtremeDB、Empress、mSQL 等。

4．数据库系统(DBS)

数据库系统(Database System，DBS)是指在计算机系统中引入数据库后的系统构成，一般由数据库、数据库管理系统(及其开发工具)、应用系统、数据库管理员(和用户)构成。

数据库系统和数据库是两个概念。数据库系统是一个人机系统，数据库是数据库系统的一个组成部分，但是在日常工作中人们常常把数据库系统简称为数据库。

5.1.2　关系数据库理论

关系数据库是创建在关系模型基础上的数据库，借助于集合代数等数学概念和方法来处理数据库中的数据。现实世界中的各种实体以及实体之间的各种联系均用关系模型来表示。关系模型是由埃德加·科德于 1970 年首先提出的，并配合"科德十二定律"，它是数据存储的传统标准。标准数据查询语言 SQL 就是一种基于关系数据库的语言，这种语言用于对关系数据库中的数据进行检索和操作。下面介绍关系数据库的基本概念。

1．关系

一个关系对应一张二维表，例如表 5-1 的学生表就是一个关系。

表 5-1　学生表

学号	姓名	性别	出生年月	专业号	入学年份
201505163101	常建军	男	1996.10	2012001	2015
201505163102	刘馨雨	女	1997.3	2012001	2015
201505163103	罗莉	女	1996.8	2012001	2015
201605163101	王思淼	男	1995.1	2016001	2016
201605163102	张忠飞	男	1995.12	2016001	2016

表 5-1 中的 1 行即为 1 个元组，学生表有 5 行，就有 5 个元组。表中的 1 列即为 1 个属性，学生表有 6 列，对应 6 个属性，分别是学号、姓名、性别、出生年月、专业号和入学年份。属性的取值范围称为域，例如学生表中学生性别的域是{男，女}。

2．关系模式

对关系的描述称为关系模式，一般表示为

关系名(属性 1，属性 2，…，属性 n)

例如，学生关系可描述为

学生(学号，姓名，性别，出生年月，专业，入学年份)

3. 关系模型

关系模型是关系模式组成的集合，学生选课数据库的关系模型如下：

学生(学号，姓名，性别，出生年月，专业号，入学年份)

课程(课程号，课程名，课程类别，学分，开课单位)

选修(学号，课程号，成绩，时间)

专业(专业号，专业名称，学制)

4. 关系数据库

基于关系模型的数据库称为关系数据库，它利用关系来描述现实世界。

5. 主码(主键)与外码(外键)

主码(Primary Key)：表中的某个属性或属性组，它可以唯一确定一个元组，称该属性或属性组为"候选码"；若一个关系有多个候选码，则选定其中一个为主码(主键)。如学生表中的"学号"是该学生关系的主码。

外码(Foreign Key)：设 F 是基本关系 R 的一个或一组属性，但不是关系 R 的码，如果 F 与基本关系 S 的主码 Ks 相对应，则称 F 是基本关系 R 的外码(外键)。例如，学生关系中的"专业号"属性与专业关系(表 5-2)的主码"专业号"对应，是学生关系的外码。

表 5-2 专 业 表

专业号	专业名称	学制
2012001	电子信息	4 年
2016001	通信技术	4 年
2007001	应用电子	3 年

基本关系 R 称为参照关系(Referencing Relation)，例如学生表(表 5-1)。

基本关系 S 称为被参照关系(Referenced Relation)或目标关系(Target Relation)，例如专业表(表 5-2)。

6. 数据完整性

1) 实体完整性规则(Entity Integrity)

若属性 A 是基本关系 R 的主属性(包含在任一候选关键字中的属性称主属性)，则属性 A 不能取空值。例如，学生关系中"学号"为主码，则学号不能为空；选修关系中"学号、课程号"组合为主码，则这两个属性都不能取空值。

关系模型为什么必须遵守实体完整性规则呢？空值就是"不知道"或"无意义"的值，如果学生表中某一条记录的"学号"为空值，则这个学生将无法标识。

2) 参照完整性

(1) 关系间的引用。

在关系模型中实体及实体间的联系都是用关系来描述的，因此可能存在着关系与关系间的引用。例如，专业与学生之间存在一对多的联系(一个学生只在一个专业学习，一个专业有多个学生)，表 5-1 中的"专业号"属性引用了表 5-2 中的"专业号"属性；学生与课程之间存在多对多联系(一个学生可以选修多门课程，一门课程可以被多个学生选修)，选修关系(表 5-3)中的"学号"属性引用了学生关系中的"学号"属性,选修关系中的"课程号"属性引用了课程关系(表 5-4)中的"课程号"属性。

表 5-3 选 修 表

学 号	课 程 号	成 绩	时 间
201505163101	05021	85	2015—2016 第二学期
201505163101	05022	75	2016—2017 第二学期
201505163101	05031	86	2017—2018 第一学期
01505163102	05021	88	2017—2018 第二学期

表 5-4 课 程 表

课程号	课程名	课程类别	学分	开课单位
05021	C 语言程序设计	专业基础课	5	电子信息工程学院
05022	单片机应用技术	专业课	4	电子信息工程学院
05031	嵌入式系统	专业课	4.5	电子信息工程学院
05033	物联网技术	选修课	2	电子信息工程学院

(2) 参照完整性规则。

若属性(或属性组)F 是基本关系 R 的外码,它与基本关系 S 的主码 Ks 相对应(基本关系 R 和 S 不一定是不同的关系),则对于 R 中每个元组在 F 上的值必须为以下两种:

① 取空值(F 的每个属性值均为空值)。

② 等于 S 中某个元组的主码值。

例如,学生关系中每个元组的"专业号"属性只取下面两类值:

① 空值,表示尚未给该学生分配专业。

② 非空值,这时该值必须是专业关系中某个元组的"专业号"值,表示该学生不可能分配到一个不存在的专业中。

选修关系的"学号"和"课程号"是选修关系中的主属性,按照实体完整性和参照完整性规则,它们只能取被参照关系中已经存在的主码值。

3) 用户自定义完整性

用户定义的完整性是针对某一具体关系数据库的约束条件,反映某一具体应用所涉及的数据必须满足的语义要求。例如:

    课程(课程号,课程名,课程类别,学分,开课单位)

课程关系中的非主属性"课程名",不能取空值,"课程类别"属性只能取自{公共基础课,专业基础课,专业课,选修课}。

5.1.3 关系数据库设计

关系数据库设计是指对于一个给定的应用环境，构造最优的关系模式，建立数据库及其应用系统，使之能够有效地存储数据，满足各种用户的应用需求(信息需求和处理要求)。

1. 关系数据库设计流程

数据库设计流程如图 5-1 所示，包括需求分析、概念结构设计、逻辑结构设计、数据库物理设计、数据库实施和数据库运行和维护。

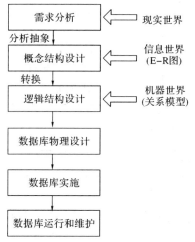

1) 需求分析阶段

需求分析就是分析用户的需要与要求，是设计数据库的起点，需求分析的结果是否准确地反映了用户的实际要求，将直接影响到后面各个阶段的设计，并影响到设计结果是否合理和实用。

需求分析的重点是调查、收集与分析用户在数据管理中的信息要求、处理要求、安全性要求与完整性要求。其中，信息要求包括用户需要从数据库中获得信息的内容与性质，由信息要求可以导出数据要求，即在数据库中需存储哪些数据；处理要求包括对数据处理功能的要求、对处理响应时间的要求和对处理方式的要求。

图 5-1　数据库设计流程

需求分析的难点是确定用户的最终需求，一方面用户缺少计算机知识，开始时无法确定计算机究竟能为自己做什么、不能做什么，因此无法一下子准确地表达自己的需求，他们所提出的需求往往不断地变化；另一方面设计人员缺少用户的专业知识，不易理解用户的真正需求，甚至误解用户的需求；另外新的硬件、软件技术的出现也会使需求发生变化。设计人员必须采用有效的方法与用户不断地进行深入交流才能逐步确定用户的实际需求。

2) 概念结构设计阶段

将需求分析得到的用户需求抽象为信息结构即概念模型的过程就是概念结构设计。概念结构是对现实世界的一种抽象，即从实际的人、物、事和概念中抽取所关心的共同特性，忽略非本质的细节，然后把这些特性用各种概念精确地加以描述。

概念结构设计阶段是整个数据库设计的关键，通过对用户需求进行综合、归纳与抽象，形成一个独立于具体 DBMS 的概念模型，概念模型是各种数据模型的共同基础，它比数据模型更独立于机器、更抽象、更稳定。概念结构设计具有如下特点：

(1) 能真实、充分地反映现实世界，包括事物和事物之间的联系，能满足用户对数据的处理要求。

(2) 易于理解，从而可以用它和不熟悉计算机的用户交换意见，用户的积极参与是数据库设计成功的关键。

(3) 易于更改，当应用环境和应用要求改变时，容易对概念模型修改和扩充。

(4) 易于向关系、网状、层次等各种数据模型转换。

我们常用 E-R 图来描述现实世界的概念模型。

3) 逻辑结构设计阶段

逻辑结构设计阶段将概念结构转换成具体的数据库产品支持的数据模型，并对其模型进行优化，形成数据库逻辑模型。本章以关系模型为例进行介绍，根据用户的处理要求及安全性要求，在基本表上建立必要的视图，形成数据的外模式。

4) 数据库物理设计阶段

数据库物理设计阶段为逻辑数据模型选取合适的物理结构，根据 DBMS 特点和处理的需要进行物理存储安排，建立索引，形成数据库内模式。

5) 数据库实施阶段

数据库实施就是运用 DBMS 提供的数据语言及工具，根据逻辑设计和物理设计的结果，建立数据库，编制与调试应用程序，组织数据入库，并进行试运行。

6) 数据库运行和维护阶段

数据库正式运行后还需不断对其进行评价、调整和修改。

设计一个完善的数据库应用系统往往是上述六个阶段的不断反复。

2. 实体与实体之间的联系

概念模型用于信息世界的建模，是现实世界到机器世界的一个中间层次，是数据库设计的有力工具，也是数据库设计人员和用户之间进行交流的语言。

1) 信息世界中的基本概念

信息世界中的基本概念如下：

(1) 实体(Entity)。客观存在并可相互区别的事物称为实体，可以是具体的人、事、物或抽象的概念。例如学生是一个实体，汽车是一个实体。

(2) 属性(Attribute)。实体所具有的某一特性称为属性，一个实体可以由若干个属性来刻画。例如学生实体具有学号、姓名、性别等属性。

(3) 实体型(Entity Type)。具有相同属性的实体必然具有共同的特征和性质，用实体名及其属性名集合来抽象和刻画同类实体称为实体型。实体与实体型的区别和联系如图5-2 所示。例如，学生实体型可以描述为学生(学号，姓名，性别，出生年月，专业号，入学年份)。

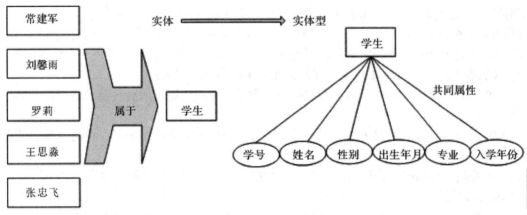

图 5-2　实体与实体型

(4) 实体集(Entity Set)。同型实体的集合称为实体集。例如全体学生就是一个实体集。

(5) 联系(Relationship)。现实世界中事物内部以及事物之间的联系在信息世界中反映为实体内部的联系和实体之间的联系。

2) 两个实体型之间的联系

(1) 一对一联系。如果对于实体集 A 中的每一个实体，实体集 B 中至多有一个实体与之联系，反之亦然，则称实体集 A 与实体集 B 具有一对一联系，记为 1：1。

例如，班级与班长之间的联系：一个班级只有一个正班长，一个正班长只在一个班中任职。乘客与座位之间的联系：一个乘客只有一个座位，一个座位只为一个乘客提供。

(2) 一对多联系。如果对于实体集 A 中的每一个实体，实体集 B 中有 n 个实体(n≥0)与之联系，反之，对于实体集 B 中的每一个实体，实体集 A 中至多只有一个实体与之联系，则称实体集 A 与实体集 B 有一对多联系，记为 1：n。例如，班级与学生之间的联系：一个班级中有若干名学生，每个学生只在一个班级中学习。

(3) 多对多联系(m：n)。如果对于实体集 A 中的每一个实体，实体集 B 中有 n 个实体(n≥0)与之联系，反之，对于实体集 B 中的每一个实体，实体集 A 中也有 m 个实体(m≥0)与之联系，则称实体集 A 与实体 B 具有多对多联系，记为 m：n。例如，课程与学生之间的联系：一门课程同时有若干个学生选修，一个学生也可以同时选修多门课程。

3) 多个实体型间的联系

多个实体型之间也会存在一对一、一对多和多对多的联系。例如，课程、教师与参考书三个实体型：如果一门课程可以有若干个教师讲授，使用若干本参考书，每一个教师只讲授一门课程，每一本参考书只供一门课程使用，课程与教师、参考书之间的联系是一对多的。

多个实体型间的联系的具体描述及实例请读者参考数据库原理类相关书籍。

4) 同一实体型内各实体间的联系

例如，职工实体集内部具有领导与被领导的联系。某一职工(干部)领导若干名职工，一个职工仅被另外一个职工直接领导，这是一对多的联系。

3. E-R 模型

E-R 模型是对现实世界的一种抽象，是"实体-联系方法"(Entity-Relationship Approach)的简称。通常我们用 E-R 图来描述现实世界的概念模型，在 E-R 图中，用矩形表示实体型，矩形框内写明实体名；用椭圆表示实体的属性，并用无向边将其与相应的实体型连接起来；用菱形表示实体型之间的联系，在菱形框内写明联系名，并用无向边分别与有关实体型连接起来，同时在无向边旁标上联系的类型(1：1、1：n 或 m：n)。以下是两个 E-R 图实例。

【例 5-1】 一个图书馆借阅管理数据库要求提供下述服务：

(1) 可随时查询书库中现有书籍的品种、数量与存放位置，所有各类书籍均由书号唯一标识。

(2) 同一本书可以购置多本，用书号来区分；每个读者可借多本书，任何一种书可为多个读者所借。

(3) 管理员可随时查询所有书籍的借还情况，包括借书人的单位、姓名、借书证号、借书和还书日期。

(4) 当需要时，可从数据库中查询和统计某个出版社图书的借阅情况，也可通过数据库中保存的出版社信息(出版社名、地址、联系电话等)从出版社订购图书。

针对上述需求，设计一个图书馆信息管理系统，涉及读者、图书和出版社三类信息，图 5-3 为设计的 E-R 图。

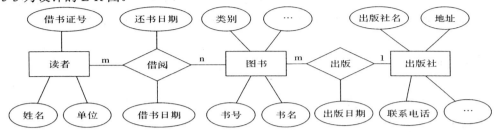

图 5-3　图书馆信息管理 E-R 图

【例 5-2】　通过对数据库用户(储蓄所业务人员)的调查，对用户的需求进行分析得知如下信息：

(1) 储户是指在某个储蓄所开户的人，该储蓄所称为储户的开户行。

(2) 一个储蓄所可以有多个储户，每个储户有唯一的账号；每个储户可以在多个允许发生业务的储蓄所进行存取款。

(3) 储户按信誉分为"一般"和"良好"两种(分别用 0 和 1 表示)。信誉"一般"的储户不允许透支，信誉"良好"的储户可办理信用卡进行透支。

(4) 储户按状态分为"正常"和"挂失"两种(分别用 0 和 1 表示)。状态为"正常"的储户允许存取款，状态为"挂失"的储户不允许存取款。

(5) 储户的信息包括账号、姓名、密码、电话、地址、信誉、存款额、开户行、开户日期、状态等。

(6) 储蓄所的信息包括编号、名称、电话、地址、负责人。

(7) 储户进行存取款时应该提供账号和密码，储蓄所首先要对储户的账号和密码进行验证，合法用户才能进行存款操作，若发生业务则记录相应的信息并修改储户的存款额。

针对上述需求，设计一个活期储蓄管理系统，涉及储户、储蓄所两类信息，图 5-4 为设计的 E-R 图。

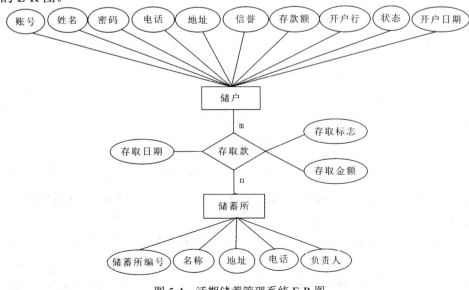

图 5-4　活期储蓄管理系统 E-R 图

4. E-R 图向关系模型的转换

E-R 图由实体型、属性和实体型之间的联系三个要素组成。关系模型的逻辑结构是一组关系模式的集合。将 E-R 图转换为关系模型，即将实体、实体的属性和实体之间的联系转化为关系模式。

转换原则如下：

(1) 一个实体型转换为一个关系模式。

关系的属性：实体型的属性。

关系的码：实体型的码。

例如，储蓄所实体型如图 5-5 所示，可以转换为如下关系模式：

  储蓄所(储蓄所编号，名称，地址，电话，负责人)

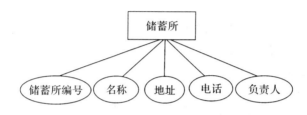

图 5-5　储蓄所实体型

(2) 一个 m∶n 联系转换为一个关系模式。

关系的属性：与该联系相连的各实体的码以及联系本身的属性。

关系的码：各实体型码的组合。

例如，如图 5-6 所示，储蓄所与储户之间的"存取款"联系是一个 m∶n 联系，可以将它转换为如下关系模式(其中账号和储蓄所编号为关系的组合码)：

  存取款(账号，储蓄所编号，存取标志，存取金额，存取日期)

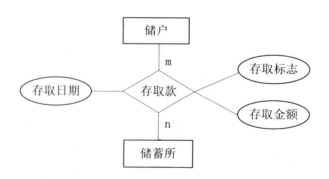

图 5-6　储蓄所与储户之间的联系

(3) 一个 1∶n 联系可以转换为一个独立的关系模式，也可以与 n 端对应的关系模式合并。

① 转换为一个独立的关系模式。

关系的属性：与该联系相连的各实体的码以及联系本身的属性。

关系的码：n 端实体的码。

例如，如图 5-7 所示，图书与出版社之间的"出版"联系为 1∶n 联系，将其转换为一个独立的关系模式：

　　出版(书号，出版社名，出版日期)

图 5-7　图书与出版社之间的联系

② 与 n 端对应的关系模式合并。

合并后关系的属性：在 n 端关系中加入 1 端关系的码和联系本身的属性。

合并后关系的码：不变。

这种方法可以减少系统中的关系个数，一般情况下更倾向于采用这种方法。

例如，"出版"联系为 1∶n 联系，将其与图书关系模式合并：

　　图书(书号，书名，类别，…，出版社名，出版日期)

(4) 一个 1∶1 联系可以转换为一个独立的关系模式，也可以与任意一端对应的关系模式合并。

① 转换为一个独立的关系模式。

关系的属性：与该联系相连的各实体的码以及联系本身的属性。

关系的候选码：每个实体的码均是该关系的候选码。

例如，如图 5-8 所示，"管理"联系为 1∶1 联系，转换为一个独立的关系模式：

　　管理(班主任号，班级名)

② 与某一端对应的关系模式合并。

合并后关系的属性：加入对应关系的码和联系本身的属性。

合并后关系的码：不变。

例如，图 5-8 中的"管理"联系为 1∶1 联系，将其与某一端对应的关系模式合并：

一种为"管理"联系与班级关系模式合并，只需在班级关系中加入班主任关系的码，即班主任号：

　　班级(班级名，学生人数，班主任号)

另一种为"管理"联系与班主任关系模式合并，只需在班主任关系中加入班级关系的码，即班级名：

　　班主任(班主任号，姓名，性别，职称，班级名，是否为优秀班主任)

图 5-8　班主任与班级之间的联系

注意：

从理论上讲，1∶1 联系可以与任意一端对应的关系模式合并。但在一些情况下，与不同的关系模式合并效率会大不一样。因此，究竟应该与哪端的关系模式合并需要依应用的具体情况而定。由于连接操作是最费时的操作，所以一般应以尽量减少连接操作为目标。

例如，如果经常要查询某个班级的班主任姓名，则将管理联系与教师关系合并更好些。

(5) 三个或三个以上实体间的一个多元联系转换为一个关系模式。

关系的属性：与该多元联系相连的各实体的码以及联系本身的属性。

关系的码：各实体码的组合。

例如，如图 5-9 所示，课程、教师与参考书之间的"讲授"联系是一个三元联系，可以将它转换为如下关系模式，其中课程号、职工号和参考书号为关系的组合码：

讲授(课程号，职工号，参考书号)

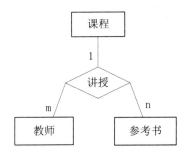

图 5-9   课程、教师与参考书之间的联系

(6) 同一实体集的实体间的联系，即自联系，也可按上述 1∶1、1∶n 和 m∶n 三种情况分别处理。

例如，如果教师实体集内部存在领导与被领导的 1∶n 自联系，我们可以将该联系与教师实体合并，这时主码职工号将多次出现，但作用不同，可用不同的属性名加以区分：

教师(职工号，姓名，性别，职称，系主任)

(7) 具有相同码的关系模式可合并。

目的：减少系统中的关系个数。

合并方法：将其中一个关系模式的全部属性加入到另一个关系模式中，然后去掉其中的同义属性(可能同名也可能不同名)，并适当调整属性的次序。

依据上述转换原则，我们将图 5-3 和图 5-4 所示的 E-R 图转换为关系模式如下。

【例 5-3】 图书馆管理系统 E-R 模型转换为关系模式。

由概念模型向关系模型的转换规则知，关系模型中包括 4 个关系：实体型"读者"，"图书"和"出版社"分别形成关系，实体的码就是关系的码；联系"借阅"形成一个关系，该关系的码应该包括"读者"和"图书"两个实体型的码；联系"出版"可以和"图书"关系模式合并。

转换后的关系模式如下：

读者(借书证号，姓名，单位)

图书(书号，书名，类别，位置，出版社，…)

出版社(出版社名，地址，联系电话，…)

借阅(借书证号，书号，借书日期，还书日期)

【例 5-4】 活期储蓄管理系统 E-R 模型转换为关系模式。

由概念模型向关系模型的转换规则知，关系模型中包括 3 个关系：实体型"储户"和

"储蓄所"分别形成关系，实体的码就是关系的码；联系"存取款"形成一个关系，该关系的码应该包括两个实体型的码，考虑到允许同一储户在同一储蓄所多次存取款，所以联系"存取款"对应的关系的主码中还应该包括"存取日期"。

另外，考虑到储户的信息项较多，而且有一部分信息(如账号、姓名、电话、地址、开户行等)相对固定，其余信息(如储户的密码、信誉、状态、存款额等)经常变化。因此，可以将实体储户的信息分割为储户基本信息和储户动态信息两个关系，两个关系的码均为账号。这样更利于数据的存储和维护，还可以提高数据的安全性。

转换后的关系模式如下：

储户基本信息(账号，姓名，电话，地址，开户行，开户日期)

储户动态信息(账号，密码，信誉，存款额，状态)

储蓄所(编号，名称，电话，地址)

存取款(账号，储蓄所编号，存取标志，存取金额，存取日期)

5.2　嵌入式数据库概述

5.2.1　嵌入式数据库简介

嵌入式数据库系统可以从体系结构方面来定义：嵌入式数据库系统是指支持移动计算或某种特定计算模式的数据库管理系统，它通常与操作系统和具体应用集成在一起，运行在智能型嵌入式设备或移动设备上。嵌入式数据库技术涉及数据库、分布式计算以及移动通信等多个学科领域，是 20 世纪 90 年代中期产生的一个的研究领域。这种数据库嵌入到了应用程序进程中，消除了与客户机、服务器配置相关的开销。嵌入式数据库是嵌入式系统的重要组成部分，也成为对越来越多的个性化应用开发和管理而采用的一种必不可少的有效手段。

嵌入式数据库的名称来自其独特的运行模式，我们也把应用于嵌入式系统的数据库称为嵌入式数据库，嵌入式数据库是很多现代数字化产品的关键基础软件。例如，随着汽车中的电子装置越来越多，所产生的数据越来越复杂，数据量也越来越大，嵌入式数据库必将成为汽车环境中进行数据管理的最佳选择。以节省汽车油耗的控制系统为例：通过安装在气缸和尾气排放口的传感器可以实时获取气缸内的压力、温度、尾气温度和 CO_2 含量等数据并保存到嵌入式数据库中，同时触发数据库系统的处理过程，判断采集得到的数据是否符合相应要求(如节能减排的指标要求)，然后根据预定策略计算调整参数，将计算结果传给控制器，以控制喷油嘴和引擎，达到环保节能的目的。

5.2.2　嵌入式数据库的特点

嵌入式数据库具有以下特点：

(1) 嵌入性与移动性。嵌入性是嵌入式数据库的基本特性。嵌入式数据库不仅可以嵌入到其他的软件当中，也可以嵌入到硬件设备当中。由于嵌入式系统自身的特点，对数据的存储和程序的运行都有较强的空间限制，所以嵌入式数据库首先要求保证适当的体积，即占用尽量少的 ROM、RAM 及 CPU 资源。并且由于 API 是根据用户数据特征产生的，调用这些 API 就可以使用嵌入式数据库管理实时数据，因此，嵌入式数据库可以天然地与用户程序集成在一起。Empress 的方法之一就是使数据库以组件的形式存在，数据库操作并不要求进程间通信，而且其对所有数据的操作都使用应用编程接口，不需要对某种查询语言进行解析，也无须生成解析计划。

移动性是国内提的比较多的一个说法，这和国内移动设备的大规模应用有关。可以这么说，具有嵌入性的数据库一定具有比较好的移动性，但是具有比较好的移动性的数据库不一定具有嵌入性。比如，一个小型的 C/S 结构的数据库可以运用在移动设备上，从而具有移动性。但这个数据库本身是一个独立存在的实体，需要额外的运行资源，本质上讲和企业级数据库区别不大。

(2) 实时性与可靠性。由于大量实时数据需要管理，实时性和嵌入性是分不开的，只有具有了嵌入性的数据库才能第一时间得到系统的资源，对系统的请求在第一时间内做出响应。但是，并不是具有嵌入性就一定具有实时性，要想嵌入式数据库具有很好的实时性，必须做很多额外的工作，比如 Empress 实时数据库将嵌入性和高速的数据引擎、定时功能以及防断片处理等措施整合在一起，来保证最基本的实时性。

嵌入式实时数据库系统通常作为嵌入式系统的应用软件出现，嵌入式系统常常需要在无人干预的情况下长时间不间断地运行，需要具备较高的可靠性。同时要求数据库操作具备可预知性，而且系统的大小和性能也都必须是可预知的，这样才能保证系统的性能。

(3) 灵活性和可移植性。嵌入式数据库产品大多具有很强的灵活性，支持多种开发平台，面向多种开发工具，预留灵活的开发接口。嵌入式系统的硬件和软件种类繁多，所以嵌入式数据库必须能够支持更多的软硬件平台，嵌入式数据库也应该具有一定的可移植性，以适用于不同的软硬件平台。

(4) 企业级数据库所具有的一些共性。一致性是数据库所必需的特性，因此需要通过事务、锁功能和数据同步等多种技术保证数据库各个表内数据的一致性，同时也保证数据库和其他同步或镜像数据库内数据的一致性。安全性也是必不可少的，在保证物理信息本身的安全的同时，也要保证用户私有信息的安全。

5.2.3 嵌入式数据库的应用

1. 医疗领域

随着现代医学技术的不断进步，精密仪器、高尖端技术以及生产工艺的发展使得医疗器械的控制越来越复杂，嵌入式系统已经延伸到了医疗的各个领域，如监护设备、生理检测设备、核磁共振、X 射线成像系统以及各种医疗器械等都需要嵌入式数据库的支持。

例如，嵌入式数据库在电子血压计中的应用。电子血压计在使用的过程中控制模块会控制气泵对气袖进行施压，并且对传感器返回的数据进行记录，把气泵施加的压力控制在合适的范围内。再例如，嵌入式数据库在心电监护仪中的应用，可以将传感器采集到的人体的信号转换为可被嵌入式系统识别的数字信号，然后对数字信号进行滤波、放大、量化等处理后即可被传输到处理模块进行分析。如果识别到信号值超出人体正常参数，会向医护人员发出报警，同时把这些参数存储到嵌入式数据库中作为历史数据，为以后的病情诊断作参考。嵌入式数据库在心电监护仪中的应用如图 5-10 所示。

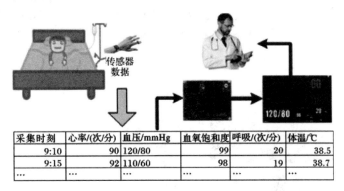

采集时刻	心率/(次/分)	血压/mmHg	血氧饱和度	呼吸/(次/分)	体温/℃
9:10	90	120/80	99	20	38.5
9:15	92	110/60	98	19	38.7
...	...	...	...	...	...

图 5-10 心电监护仪

2．军事设备和系统

嵌入式数据库以其良好的可靠性和卓越的实时性被广泛应用于军事、航空航天等高精尖技术及实时性要求极高的领域中，如卫星通信、军事演习、弹道制导、飞机导航等，再比如木星探查伽利略计划、卫星观测系统、地上测定和命令处理系统、卫星控制系统、天气预报的发布系统、战争模拟游戏等。除此以外，还有许多其他的宇宙航空项目和机器人项目中使用了嵌入式数据库，如图 5-11 所示。

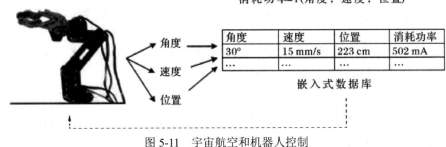

消耗功率=f(角度，速度，位置)

角度	速度	位置	消耗功率
30°	15 mm/s	223 cm	502 mA
...	...	...	...

嵌入式数据库

图 5-11 宇宙航空和机器人控制

嵌入式数据库在宇宙航空以及机器人的应用程序中起着核心的作用，在数据库中保存着全部的程序、指令、可执行的模块，并将这些制作成基于知识(Knowledge Based)或者基于规则(Rule Based)的系统。可执行模块将根据传感器的采集信息执行各种动作或命令。

3．地理信息系统

地理信息包括的范围很广，嵌入式数据库在地理信息系统方面的应用也非常广泛。如空间数据分析系统、卫星天气数据、龙卷风和飓风监控及预测、大气研究监测装置、天气数据监测、相关卫星气象和海洋数据的采集装置、导航系统等，几乎涉及地理信息系统的方方面面。

4．工业控制

工业控制的基本方式是一个反馈的闭环或半闭环的控制方式。随着工业控制技术的发展，简单的数据采集方式和反馈方式基本上很难满足要求。采用嵌入式数据库既能够进行高速地数据采集，也能够快速地反馈。因此，在一些核电站监控装置、化学工厂系统监控装置、电话制造系统监控装置和汽车引擎监控装置中都有广泛应用。

例如，大型发电厂的发电机监视装置里使用了嵌入式数据库。发电厂的发电机是非常重要的生产设备，所以要严格管理以防发电机停机，发电机的监控装置通过收集发电机的各种数据进行监控，如图 5-12 所示。

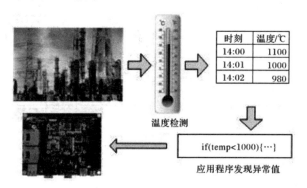

图 5-12　发电机监控装置

这种需要实时监控的装置，在数据库里预先装入了监视数据用的程序模块。当某数据进入"异常值"、"异常范围"或"警戒范围"时，这些程序模块会检测到这些数据，然后自动报警，同时通知监控中心有异常情况。这种数据收集也可用于发电机系统的模拟试验。

5. 网络通信

随着互联网的发展，网络越来越普及，网络设备的处理能力越来越强，各种要求也越来越高，运用嵌入式数据库成了必然趋势。我们现在日常见到的很多网络设备和系统都使用了嵌入式数据库，如一些企业内部的互联网装置、网络传输的分布式管理装置、语音邮件追踪系统、VoIP 交换机、路由器、基站控制器等。

6. 消费类电子

消费类电子包含的范围非常广，如智能手机、洗衣机、冰箱、PDA、数码相机、信息家电和智能办公相关的机顶盒、家用多媒体盒、互联网电视接收装置等。用户可以通过智能手机、PDA 等设备直接访问企业后台的相关应用数据库，实时处理关键业务。

信息家电领域也使用嵌入式数据库。比如，一个用于卫星播放或有线播放的机顶盒，机顶盒里保存有大量的数据，如节目表、节目内容、某时间段播放的电影内容介绍和主演演员的介绍等信息，这些信息的管理和下载、录入和检索等都要通过数据库来实现。利用多进程的数据库后，一个数据库可以支持多个用户同时访问。另外，使用节目名字、种类等进行更复杂的复合检索都变得简单易行；通过在卡拉 OK 遥控装置中装载嵌入式数据库，可以实现根据曲名、种类进行检索；通过设定广告播放控制盒等设备的各种参数，可以实现广告内容的定时管理等功能。

7. 汽车电子

随着汽车电子技术的飞速发展，汽车电子系统的功能增长迅速。汽车电子系统中的数据管理成了一个新的研究方向。在汽车电子系统中，数据管理一方面要提供数据管理方法，另一方面还必须使数据保持实时性、可靠性和一致性等特点。

例如，嵌入式数据库可应用于汽车碰撞测试装置中，如图 5-13 所示。汽车碰撞测试是检验汽车安全性能的一种有效手段，在测试中，让汽车高速碰撞某个物体，然后收集车体各个部位的各种感应器所发出的数据，再对这些数据进行分析，因此需要在碰撞的瞬间大量地收集和保存数据。

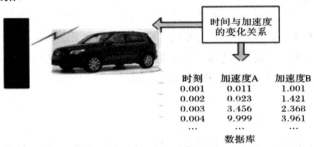

图 5-13　汽车撞击试验

此外，嵌入式数据库还有很多应用，如铁路交通控制系统等。嵌入式数据库将随着各种移动设备、智能计算设备、嵌入式设备的发展而迅速发展。

5.3　SQLite 数据库

5.3.1　SQLite 简介

SQLite 是目前流行的开源嵌入式数据库，和很多其他嵌入式存储引擎(NoSQL)，如 BerkeleyDB、MemBASE 等相比，SQLite 可以很好地支持关系型数据库所具备的一些基本特征，如标准 SQL 语法、事务、数据表和索引等。SQLite 的主要优势在于灵巧、快速和可靠性高，SQLite 的设计者们为了达到这一目标，在功能上作出了很多关键性的取舍，与此同时，也失去了一些对 RDBMS 关键性功能的支持，如高并发、细粒度访问控制(如行级锁)、丰富的内置函数、存储过程和复杂的 SQL 语句等，正是这些功能的牺牲才换来了简单，而简单又换来了高效性和高可靠性。

SQLite 是一种开源的易于管理、易于使用、易于维护和配置的强有力的嵌入式数据库，是一个基于磁盘文件系统的关系数据库，具有占用内存小、速度快、效率高及可移植性好等特点，非常适合于硬件资源有限的嵌入式系统。SQLite 是一个很小的 C 语言链接库，完全包含数据引擎功能，不用额外的设定就能嵌入到其他程序中，SQLite 提供了对 SQL92 的大多数支持，包括表、索引、触发器和视图等。数据库的文件格式跨平台，可以在 32 位和 64 位系统之间移植。

SQLite 是一个完全免费的开源数据库，它的源代码无任何版权限制，从而既有利于减少产品的生产成本，又利于产品的稳定运行和维护修改。目前 SQLite 可以在几乎所有主要的操作系统上运行，支持主流的程序设计语言，Android 和 IOS 操作系统都内置了 SQLite 数据库。SQLite 非常健壮，据它的开发者保守估计，使用它的 Web 站点可以处理高达每天 1 万次点击的负载。下面列举 SQLite 的一些主要优点。

1. 可作为内部数据库

在有些应用场景中，我们需要为插入到数据库服务器中的数据进行数据过滤或数据清理，以保证最终插入到数据库服务器中的数据的有效性。有的时候，数据是否有效不能通过单一一条记录来进行判断，而是需要和之前一小段时间的历史数据进行特殊的计算，再通过计算的结果判断当前的数据是否合法，在这种应用中，我们可以用 SQLite 缓冲这部分历史数据。还有一种简单的场景也适用于 SQLite，即统计数据的预计算，比如正在运行数据实时采集的服务程序，我们可能需要将每 10 秒的数据汇总后形成每小时的统计数据，该统计数据可以极大地减少用户查询时的数据量，从而大幅提高前端程序的查询效率。在这种应用中，我们可以将 1 小时内的采集数据均缓存在 SQLite 中，在达到整点时，计算缓存数据后清空该数据。

2. 零配置

SQLite 本身并不需要任何初始化配置文件，也没有安装和卸载的过程，当然也不存在服务器实例的启动和停止。在使用的过程中，也无需创建用户和划分权限。在系统出现灾难(如电源问题、主机问题等)时，对于 SQLite 而言，不需要做任何操作。

3. 单一磁盘文件

SQLite 的数据库被存放在文件系统的单一磁盘文件内，只要有权限便可随意访问和拷贝，这样带来的主要好处是便于携带和共享。其他的数据库引擎基本都会将数据库存放在一个磁盘目录下，然后由该目录下的一组文件构成该数据库的数据文件。尽管我们可以直接访问这些文件，但是却无法操作它们，只有数据库实例进程才可以做到。这样的好处是带来了更高的安全性和更好的性能，但是也付出了安装和维护复杂的代价。

4. 可在嵌入式或移动设备上应用

由于 SQLite 在运行时占用的资源较少，而且无需任何管理开销，因此对于 PDA、智能手机等移动设备来说，SQLite 的优势毋庸置疑。

5. 没有独立的服务器

和其他关系型数据库不同的是，SQLite 没有单独的服务器进程以供客户端程序访问并提供相关的服务。SQLite 作为一种嵌入式数据库，其运行环境与主程序位于同一进程空间，因此它们之间的通信完全是进程内通信，而相比于进程间通信，其效率更高。然而需要特别指出的是，该种结构在实际运行时确实存在保护性较差的问题，比如应用程序出现问题导致进程崩溃，由于 SQLite 与其所依赖的进程位于同一进程空间，那么此时 SQLite 也将随之退出。但是对于独立的服务器进程，则不会有此问题，它们将在密闭性更好的环境下完成它们的工作。

6. SQL 语句可编译成虚拟机代码

很多数据库产品会将 SQL 语句解析成复杂的、相互嵌套的数据结构，之后再交予执行器编译该数据结构完成指定的操作。相比于此，SQLite 会将 SQL 语句先编译成字节码，之后再交由其自带的虚拟机去执行。该方式提供了更好的性能和更出色的调试能力。

SQLite 拥有一个简洁的、模块化的体系结构，引进了一些独特的方法进行关系型数据库管理，主要由 SQLite 编译器、内核、后端三部分组成，如图 5-14 所示。SQLite 在系统顶层编译查询语句，在中间层执行它，在底层处理操作系统的存储和界面。所有 SQLite 语句可以通过单词和解析器生成语法树，再让代码发生器生成能够在 SQLite 虚拟机中执行的程序集。

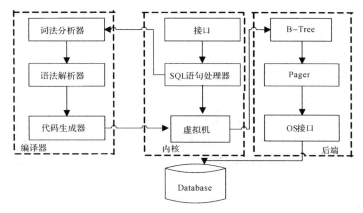

图 5-14　SQLite 体系结构

内核和编译器负责 SQLite 与应用程序的交互和应用程序中的命令在 SQLite 中的执行。内核中的接口层是应用程序与 SQLite 交互的部分。SQLite 通过顶层的接口层(Interface)向应用程序提供服务，并接收应用程序传送过来的 SQL 语句字符串，然后将 SQL 语句字符串传送给词法分析器和语法解析器进行分析。代码生成器则接收来自语法解析器传送过来的数据，生成能够在虚拟机上执行的虚拟机指令码。虚拟机是 SQLite 的核心，实现了一个专为管理数据库文件而设计的抽象的计算环境，使它易于排错、修改和扩展内核。所有 SQL 语句都被编译为易读的且可在 SQLite 虚拟机上执行的指令。通过在虚拟机中执行指令，SQLite 完成 SQL 语句所请求的功能。

后端部分负责数据文件在磁盘中的读写，SQLite 数据库在磁盘上使用 B 树(B-Tree)来进行维护实现。所有的 B 树都存放在相同的磁盘文件中，数据库中的每个表和索引均使用一个单独的 B 树。B 树模块从磁盘请求调用固定大小的数据块，高速页缓存则负责将这些数据块进行读写和缓存，同时也提供回退、原子操作及对数据库文件加锁。通过高速页缓存提供的缓冲机制，可以避免频繁进行 I/O 操作而降低应用程序的性能。

5.3.2　Linux 下 SQLite 数据库的安装

SQLite 是一个完全免费的开源数据库，现在主要应用的版本是 SQLite3，它的源代码无任何版权限制，可免费下载。读者可在官方网站"http://www.sqlite.org"下载安装文件"sqlite-autoconf-3080802.tar.gz"(注：版本在不断更新)，Fedora8 操作系统下的安装步骤如下。

1. 解压安装文件

命令如下：

```
#cd /home
#mkdir sqlite
#cp /mnt/hgfs/sqlite-autoconf-3080802.tar.gz /home/sqlite
#tar -zxvf sqlite-autoconf-3080802.tar.gz
#cd sqlite-autoconf-3080802
#mkdir sqliteinstall
```

2. 配置、编译、安装

命令如下：

> #../configure- disable-tcl
>
> #make   //编译
>
> #make install   //安装

在 make 和 make install 命令执行之后，库文件默认在目录/usr/local/lib 下；可执行文件默认在目录/usr/local/bin 下；头文件在目录/usr/local/include 下。

在链接程序时，为了能找到库文件，需要把库文件所在路径加到系统文件/etc/ld.so.conf中，用 Vi 编辑器打开文件/etc/ld.so.conf；然后在文件后面追加/usr/local/lib 一行内容，命令如下：

> #vi /etc/ld.so.conf

在文件最后加入一行命令：

> /usr/local/lib

保存并退出，重新启动系统之后设置生效，如不想重新启动系统，可运行如下命令让配置生效：

> #/sbin/ldconfig

为了验证安装是否成功，在终端下运行如下命令：

> #sqlite3

如出现版本信息则表示安装成功。

5.3.3 SQLite 在 ARM-Linux 平台上的移植

SQLite 嵌入式数据库提供了源码发布的方式，本书根据 UP-NETARM2410 硬件平台对源码进行交叉编译，移植过程主要有以下几个步骤。

(1) 解压 SQLite3 源代码。安装 armv4l-unknown-linux-gcc 交叉编译器，修改配置文件profile 以便在任何目录下可以直接使用交叉编译器。(可参照 3.1.2 节内容)

准备好 SQLite3 源代码 sqlite-autoconf-3071100.tar.gz，解压 SQLite 3.7.13 到 /home/sqlite-3.7.13，并创建目录文件夹 sqlite-arm-linux。具体命令如下：

> #tar -zxvf sqlite-autoconf-3071100.tar.gz   /home/sqlite-3.7.13
>
> #cd /home/sqlite-3.7.13
>
> #mkdir sqlite-arm-linux

(2) 修改/home/sqlite-3.7.13 目录下的 configure 文件。具体命令如下：

> #cd /home/sqlite-3.7.13/sqlite-arm-linux
>
> #./configure --disable-tcl --prefix = /home/sqlite-3.7.13/sqlite-arm-linux/ --host – arm-linux

命令执行后生成了 makefile 文件，该文件将在 make 时用到。

(3) 设置交叉编译环境。主要设置 config_TARGET_CC 和 config_BUILD_CC 两个环境变量。config_TARGET_CC 是交叉编译器，config_BUILD_CC 是主机编译器。具体命令如下：

> #export config_BUILD_CC = gcc
>
> #export config_TARGET_CC = armv4l-unknown-linux-gcc

(4) 编译并安装。命令如下：

```
#make && make install
```

成功后，在/home/sqlite-3.7.13/sqlite-arm-linux/lib 目录下生成库文件。

(5) 移植。将库文件移植到 ARM 开发板的/usr/sqlite/lib 目录下，至此，SQLite 在 ARM-Linux 平台上已经移植成功，应用程序在开发板上运行时就可以使用 SQLite 提供的库函数，本章基于此进行嵌入式数据库应用开发。

5.3.4　SQLite 的数据类型

1. SQLite 的数据类型

SQLite3 将数据值的存储划分为 NULL、INTEGER、REAL、TEXT、BLOB 五种，另外 SQLite3 没有提供布尔储蓄类型和日期时间存储类型，但可以用其他存储类型来表示。几种存储类型如下：

(1) NULL: 表示该值为空。

(2) INTEGER: 整型值。

(3) REAL: 浮点值。

(4) TEXT: 文本字符串，存储使用的编码方式为 UTF-8、UTF-16BE、UTF-16LE。

(5) BLOB: 存储 BLOB 数据，该类型数据的存储和输入数据完全相同。

(6) 布尔数据类型：SQLite 并没有提供专门的布尔存储类型，而是将布尔值存储为整数 0 (false) 和 1 (true)。

(7) 日期和时间数据类型：和布尔类型一样，SQLite 也没有提供专门的日期时间存储类型。SQLite 的内置的日期和时间函数能够将日期和时间存为 TEXT、REAL 或 INTEGER 值。例如：TEXT: "YYYY-MM-DD HH:MM:SS.SSS"。

REAL: 以 Julian 日期格式存储。儒略日数 (Julian Day Numbers)为按照前公历自格林尼治时间公元前 4714 年 11 月 24 日中午以来的天数。

INTEGER: 以 Unix 时间形式保存数据值，即从 1970-01-01 00:00:00 到当前时间所经过的秒数。

由于 SQLite 采用的是动态数据类型，而其他传统的关系型数据库使用的是静态数据类型，即字段可以存储的数据类型是在表声明时即已确定的，因此它们之间在数据存储方面存在着很大的差异。在 SQLite 中，存储分类和数据类型也有一定的差别，如 INTEGER 存储类别可以包含 6 种不同长度的 INTEGER 数据类型，然而这些 INTEGER 数据一旦被读入到内存后，SQLite 会将其全部视为占用 8 个字节的无符号整型。因此对于 SQLite 而言，即使在表声明中明确了字段类型，我们仍然可以在该字段中存储其他类型的数据。然而需要特别说明的是，尽管 SQLite 为我们提供了这种方便，但是一旦考虑到数据库平台的可移植性问题，在实际的开发中还是应该尽可能地保证数据类型的存储和声明的一致性。除非你有极为充分的理由，同时又不再考虑数据库平台的移植问题，在此种情况下确实可以使用 SQLite 提供的此种特征。

注意，存储类型比数据类型更笼统。以 INTEGER 存储类型为例，它包括 6 种长度不等的整数类型，它们在磁盘上是不同的。但是只要 INTEGER 值从磁盘读取到内存进行处理，它们就被转换为更为一般的数据类型(8 字节有符号整型)。因此在一般情况下，"存储类型"与"数据类型"没什么差别，这两个术语可以互换使用。

2. 类型亲缘性

为了最大化 SQLite 和其他数据库引擎之间的数据类型兼容性，SQLite 提出了"类型亲缘性(Type Affinity)"的概念。我们可以这样理解"类型亲缘性"，在表字段被声明之后，SQLite 都会根据该字段声明时的类型为其选择一种亲缘类型，当数据插入时，该字段的数据将会优先采用亲缘类型作为该值的存储方式，除非亲缘类型不匹配或无法转换当前数据到该亲缘类型，这样 SQLite 才会考虑其他更适合该值的类型存储该值。SQLite 目前的版本支持五种亲缘类型，如表 5-5 所示。

表 5-5　SQLite 支持的五种亲缘类型

亲缘类型	描　　述
TEXT	数值型数据在被插入之前，需要先被转换为文本格式，之后再插入到目标字段中
NUMERIC	当文本数据被插入到亲缘性为 NUMERIC 的字段中时，如果转换操作不会导致数据信息丢失以及完全可逆，那么 SQLite 就会将该文本数据转换为 INTEGER 或 REAL 类型的数据，如果转换失败，SQLite 仍会以 TEXT 方式存储该数据。对于 NULL 或 BLOB 类型的新数据，SQLite 将不做任何转换，直接以 NULL 或 BLOB 的方式存储该数据。需要额外说明的是，对于浮点格式的常量文本，如"30000.0"，如果该值可以转换为 INTEGER 同时又不会丢失数值信息，那么 SQLite 就会将其转换为 INTEGER 的存储方式
INTEGER	对于亲缘类型为 INTEGER 的字段，其规则等同于 NUMERIC，唯一的差别是在执行 CAST 表达式的时候
REAL	其规则基本等同于 NUMERIC，唯一的差别是不会将"30000.0"这样的文本数据转换为 INTEGER 的存储方式
NONE	不做任何的转换，直接以该数据所属的数据类型进行存储

3. 决定字段亲缘性的规则

字段的亲缘性是根据该字段在声明时被定义的类型来决定的，具体的规则可以参照表 5-6。需要注意的是表 5-6 的顺序，即如果某一字段类型同时符合两种亲缘性，那么排在前面的规则将先产生作用。

(1) 如果类型字符串中包含"INT"，那么该字段的亲缘类型是 INTEGER。

(2) 如果类型字符串中包含"CHAR"、"CLOB"或"TEXT"，那么该字段的亲缘类型是 TEXT，如 VARCHAR。

(3) 如果类型字符串中包含"BLOB"，那么该字段的亲缘类型是 NONE。

(4) 如果类型字符串中包含"REAL"、"FLOA"或"DOUB"，那么该字段的亲缘类型是 REAL。

(5) 其余情况下，字段的亲缘类型为 NUMERIC。

具体示例如表 5-6 所示。

表 5-6　字段亲缘性示例

声明类型	亲缘类型	应用规则	声明类型	亲缘类型	应用规则
INT INTEGER TINYINT SMALLINT MEDIUMINT BIGINT UNSIGNED BIG INT INT2 INT8	INTEGER	1	BLOB	NONE	3
			REAL DOUBLE DOUBLE RECISION FLOAT	REAL	4
CHARACTER(20) VARCHAR(255) VARYING CHARACTER(255) NCHAR(55) NATIVE CHARACTER(70) NVARCHAR(100) TEXT CLOB	TEXT	2	NUMERIC DECIMAL(10, 5) BOOLEAN DATE DATETIME	NUMERIC	5

> 注：在 SQLite 中，类型 VARCHAR(255)的长度信息 255 没有任何实际意义，仅仅是为了保证与其他数据库的声明的一致性。

4. 比较表达式

在 SQLite3 中支持的比较表达式有("="，"=="，"<"，"<="，">"，">="，"!="，"<>"，"IN"，"NOT IN"，"BETWEEN"，"IS"，"IS NOT"。)数据的比较结果主要依赖于操作数的存储方式，其规则为：

(1) 存储方式为 NULL 的数值小于其他存储类型的值。

(2) 存储方式为 INTEGER 和 REAL 的数值小于 TEXT 或 BLOB 类型的值，如果同为 INTEGER 或 REAL，则基于数值规则进行比较。

(3) 存储方式为 TEXT 的数值小于 BLOB 类型的值，如果同为 TEXT，则基于文本规则(ASCII 值)进行比较。

(4) 如果是两个 BLOB 类型的数值进行比较，其结果为 C 运行时函数 memcmp 的结果。

5. 操作符

所有的数学操作符(+，−，*，/，%，<<，>>，&，|)在执行之前都会先将操作数转换为 NUMERIC 存储类型，即使在转换过程中可能会造成数据信息的丢失。此外，如果其中一个操作数为 NULL，那么它们的结果亦为 NULL。在数学操作符中，如果其中一个操作数看上去并不像数值类型，那么它们的结果为 0 或 0.0。

5.3.5 SQLite 数据库的基本命令

SQLite 包含一个名字叫做 SQLite3 的应用程序，它可以允许用户手工输入并执行点命令和 SQL 命令。SQLite3 的功能是读取输入的命令，并把它们传递到 SQLite 库中去运行。但是，当输入的命令以一个点('.')开始时，这个命令将被 SQLite3 程序自己截取并解释。以一个点('.')开始的命令叫做"点命令"，它通常被用来改变查询输出的格式等。SQLite3 常用的点命令如表 5-7 所示。

表 5-7　SQLite3 常用点命令

.help	列出 SQLite 命令及使用方法
.backup DBNAME FILE	备份指定的数据库到指定的文件，缺省为当前连接的 main 数据库
.databases	查看当前的数据库
.dump TABLENAME..	输出表结构，同时输出记录
.echo ON | OFF	打开或关闭显示输出
.exit	退出当前程序
.explain ON | OFF	打开或关闭当前连接的 SELECT 输出到 Human Readable 形式
.header(s) ON | OFF	在显示 SELECT 结果时是否显示列的标题
.import FILE TABLE	导入指定文件的数据到指定表
.indices TABLENAME	显示所有索引的名字，如果指定表名，则仅仅显示匹配该表名的数据表的索引，参数 TABLENAME 支持 LIKE 表达式支持的通配符
.log FILE | off	打开或关闭日志功能，FILE 可以为标准输出 stdout，或标准错误输出 stderr
.mode MODE TABLENAME	设置输出模式，这里最为常用的模式是 column 模式，使 SELECT 输出列左对齐显示
.nullvalue STRING	使用指定的字符串代替 NULL 值的显示
.output FILENAME	将当前命令的所有输出重定向到指定的文件
.output stdout	将当前命令的所有输出重定向到标准输出(屏幕)
.quit	退出当前程序
.read FILENAME	执行指定文件内的 SQL 语句
.restore DBNAME FILE	从指定的文件还原数据库，缺省为 main 数据库，此时也可以指定其他数据库名，被指定的数据库成为当前连接的 attached 数据库
.schema TABLENAME	显示数据表的创建语句，如果指定表名，则仅仅显示匹配该表名的数据表创建语句，参数 TABLENAME 支持 LIKE 表达式支持的通配符
.separator STRING	改变输出模式和.import 的字段间分隔符
.schema TABLENAME	显示数据表的创建语句，如果指定表名，则仅仅显示匹配该表名的数据表创建语句，参数 TABLENAME 支持 LIKE 表达式支持的通配符
.show	显示各种设置的当前值
.tables TABLENAME	列出当前连接中 main 数据库的所有表名，如果指定表名，则仅仅显示匹配该表名的数据表名称，参数 TABLENAME 支持 LIKE 表达式支持的通配符
.width NUM1 NUM2 ...	在 MODE 为 column 时，设置各个字段的宽度，注意该命令的参数顺序表示字段输出的顺序

【例 5-5】　通过以下操作练习 SQLite 数据库的基本操作。

(1) 创建一个名为 dev.db 的数据库；

(2) 在该数据库中创建名为 device_info 的数据表，表的字段信息如表 5-8 所示；

(3) 在 device_info 表中插入一条记录，记录信息如表 5-9 所示；

(4) 查询 device_info 表中的记录并显示在终端上；

(5) 查看 device_info 表的结构；

(6) 在 device_info 表的 device_name 字段上创建索引；

(7) 修改 device_info 数据表，将设备名 tempsensor2 改为 tempsensor3；

(8) 删除 device_name 表中设备名为 empsensor2 的记录；

(9) 退出 SQLite 操作模式。

表 5-8　device_info 表结构

device_no	varchar(40)	设备编号
device_name	varchar(40)	设备名称
Unit	varchar(40)	测量单位
range_max	smallint	最大值
range_min	smallint	最小值

表 5-9　待插入的记录

device_no	device_name	unit	range_max	range_min
'201600001'	'tempnode1'	'centigrade'	1000	360

具体操作步骤如下：

(1) 创建数据库文件。用 SQLite3 建立数据库的方法很简单，只需启动终端，输入如下命令即可：

```
#sqlite3 dev.db
SQLite version 3.8.8.2 2015-01-30 14:30:45
Enter . "help" for usage hints.
sqlite>
```

如果目录下没有 dev.db，SQLite3 就会建立这个数据库。SQLite3 并没有强制数据库名称，用户可以根据自己的需要命名数据库。

(2) 创建数据表 device_info。创建数据表指令的语法为

```
create table table_name(field1, field2, field3, ...);
```

其中 table_name 是数据表的名称，field1 等是字段的名字。SQLite3 与许多 SQL 数据库软件不同的是，它不在乎字段属于哪一种数据形态，SQLite3 的字段可以储存任何类型：文字、数字、大量文字(blub)，它会适时自动转换。

执行创建数据表指令，在 dev 数据库下创建 device_info 数据表的命令如下：

```
sqlite > .open dev.db
sqlite > create table device_info(device_no varchar(40), device_name varchar(40), unit varchar(40),
```

range_max smallint, ange_min smallint);

sqlite > .tables

device_info

注：.tables 命令显示 dev 数据库中的所有数据表。

(3) 向 device_info 表中插入记录。向数据表 device_info 中插入记录的方法为使用 insert into 指令，语法为

insert into table_name values(data1, data2, data3, ...);

下面的命令为向 device_info 表中插入表 5-9 所示的记录：

sqlite > insert into device_info values ('201600001', 'tempnode1', 'centigrade', 1000, 360);

(4) 查询 device_info 表中的记录。查询记录的命令为 select，其基本格式如下：

select columns from table_name where expression;

以下是 select 命令的一些例子：

select * from people：列出所有数据库的内容。

select * from people where name = 'LiSi';：查找姓名为 LiSi 的记录。

select 指令是 SQL 中最强大的指令，这里只是简单介绍 select 的基本用法，进一步的各种组合请大家参考有关数据库的书籍。

显示 device_info 数据表中所有记录的命令如下：

sqlite > .mode list

sqlite > select * from device_info;

201600001 | tempnode1 | centigrade | 1000 | 360

(5) 查看 device_info 表的结构。使用.schema 命令显示 device_info 表结构的命令如下：

sqlite > .schema device_info

CREATE TABLE device_info(device_no varchar(40), device_name varchar(40), unit varchar(40),

range_max smallint, ange_min smallint);

(6) 建立索引。如果数据表有相当多的数据，我们便会建立索引来加快速度。这个指令的语法为

create index index_name on table_name(field_to_be_indexed);

针对上面的数据表 device_info 建立一个索引的命令如下：

create index device_name_index on device_info(device_name);

该命令的意思是针对 device_info 数据表的 device_name 字段，建立一个名叫 device_name_index 的索引。一旦建立了索引，SQLite3 会在针对该字段作查询时自动使用该索引。这一切的操作都是在幕后自动发生的，无需使用者特别指令。

(7) 修改记录。掌握 select 语句的用法非常重要，因为要在 SQLite 中更改或删除记录其语法是类似的。修改记录的命令为 update，其基本格式如下：

update table_name set field name = value where expression;

修改设备名为 tempsensor2 的记录的命令如下：

update device_info set device_name = 'tempsensor3' where device_name = 'tempsensor2';

(8) 删除记录。删除记录的命令为 delete，其基本格式如下：

delete from table_name where expression;

删除设备名为 tempsensor2 的记录的命令如下：

 delete from device_info where device_name = 'tempsensor2';

(9) 退出 SQLite 操作模式。quit 命令用于退出 SQLite 操作模式：

sqlite > .quit

[root@localhost Devicemanage]#

5.3.6　SQLite C/C++ 接口

嵌入式数据库 SQLite 提供了 C/C++ 语言的 API 接口，供 C/C++ 应用程序调用，以实现对 SQLite3 的操作，使得对数据库的操作非常简便。SQLite3 共有 83 个 API 函数，常用的功能接口函数如下：

(1)　int sqlite3_open(

const char *filename,　　　　/*打开或创建的数据库名称*/

sqlite3 **ppDb　　　　　　　　/*指输出参数，SQLite 数据库句柄*/

)

该接口函数用来打开一个 SQLite3 数据库，如果不存在该数据库，则在该路径下创建一个同名的数据库。打开或创建数据库成功，则该函数返回值为 0，输出参数为 SQLite3 类型的变量，后续对该数据库的操作通过该参数进行传递。这通常是第一个 SQLite API，在应用程序使用任何其他 SQLite 接口函数之前，必须先调用该函数以便获得数据库连接 (database_connnection)对象，在随后的其他接口函数的调用中，都需要该对象作为输入参数以完成相应的工作。

(2)　int sqlite3_prepare(sqlite3 *db, const char *zSql, int nByte, sqlite3_stmt **ppStmt, const char **pzTail);

该接口函数把一个 SQL 语句文本转换成一个预处理语句(prepared_statement)对象并返回一个指向该对象的指针。事实上，该函数并不会评估参数指定 SQL 语句，它仅仅是将 SQL 文本初始化为待执行的状态。这个接口函数需要一个由 sqlite3_open 函数创建的数据库连接对象的指针和一个 SQL 语句串。

(3)　int sqlite3_step(sqlite3_stmt*);

该接口函数用于解析一个由先前通过 sqlite3_prepare 接口创建的预处理(prepared_statement)语句，直至返回第一列结果为止。在执行完该函数之后，prepared_statement 对象的内部指针将指向其返回的结果集的第一行。如果打算进一步迭代其后的数据行，就需要不断地调用该函数，直到所有的数据行都遍历完毕。然而对于 INSERT、UPDATE 和 DELETE 等 DML 语句，该函数执行一次即可完成。

(4)　sqlite3_column();

该接口函数返回一个由 sqlite3_step 解析的预处理语句结果集中当前行的指定列的数据，SQLite API 中是一组用于从结果集中查询出各个列项、各种数据类型数据的函数接口。然而从严格意义上讲，此函数在 SQLite 的接口函数中并不存在，而是由一组相关的接口函数来完成该功能，其中每个函数都返回不同类型的数据，如下：

sqlite3_column_blob()

sqlite3_column_bytes()

```
sqlite3_column_bytes16()
sqlite3_column_count()
sqlite3_column_double()
sqlite3_column_int()
sqlite3_column_int64()
sqlite3_column_text()
sqlite3_column_text16()
sqlite3_column_type()
sqlite3_column_value()
sqlite3_finalize()
```

其中，sqlite3_column_count 函数用于获取当前结果集中的字段数据。下面是使用 sqlite3_step 和 sqlite3_column 函数迭代结果集中每行数据的伪代码，注意这里作为示例代码简化了对字段类型的判断：

```
int fieldCount = sqlite3_column_count(...);
while (sqlite3_step(...) <> EOF) {
    for (int i = 0; i < fieldCount; ++i) {
        int v = sqlite3_column_int(..., i);
    }
}
```

(5) int sqlite3_finalize(sqlite3_stmt *pStmt);

该接口函数销毁之前调用 sqlite3_prepare 创建的预处理(prepared statement)语句，每一个预处理语句都必须调用这个接口进行销毁以避免内存泄漏。

(6) int sqlite3_exec(

```
sqlite3 *,                  /*打开的数据库句柄*/
const char *sql,            /*要执行的 SQL 语句*/
sqlite_call back,           /*回调函数*/
void *,                     /*回调函数的参数*/
char**errmsg                /*错误信息*/
)
```

对数据库进行操作时，可以通过调用该函数来完成，SQL 参数为具体操作数据库的 SQL 语句。

注：该接口函数第二个参数 SQL 用来处理一条或多条 SQL 语句，语句间必须用 ";" 号隔开。

(7) int sqlite3_get_table(/*获取结果集函数*/

```
sqlite3 *,                  /*打开的数据库句柄*/
const char *sql,            /*要执行的 SQL 语句*/
char ***resultp,            /*结果集*/
int * nrow,                 /*结果集的行数*/
int * ncolumu,              /*结果集的列数*/
```

Char **errmsg   /*错误信息*/
　　)

对数据库进行查询操作时，可以通过该函数来获取结果集。该函数的入口参数为要执行的 SQL 语句，出口参数有二维数据指针，指向查询结果集，还有结果集的行数和列数。

(8) int sqlite3_close(sqlite3*);

该接口函数用于关闭之前打开的 database_connection 对象，所有与该对象相关的 prepared_statements(预处理语句)都必须在关闭连接之前销毁。当结束对数据库的操作时，调用该函数来关闭数据库。

综上，在 SQLite 中最主要的两个对象是 database_connection 和 prepared_statement。database_connection 对象是由 sqlite3_open 接口函数创建并返回的，在应用程序使用任何其他 SQLite 接口函数之前，必须先调用该函数以便获得 database_connnection 对象，在随后的其他接口函数调用中，都需要该对象作为输入参数以完成相应的工作。至于 prepare_statement，我们可以简单地将它视为编译后的 SQL 语句，因此，所有和 SQL 语句执行相关的函数也都需要该对象作为输入参数以完成指定的 SQL 操作。

5.4　嵌入式数据库应用实例

随着现代工业控制系统复杂度的提高，其中需要存储和管理的数据量也高速增长。工业控制是嵌入式技术应用的一个重要方面，在较复杂的工业控制系统中，可以用嵌入式数据库来记录描述相应控制点的数据，通过处理数据库中的记录就可以实时地管理各控制点的状态，发出命令控制各种设备，以提高工业控制数据的管理效率和控制的实时性。

图 5-15 所示是一个典型的采用了嵌入式数据库的工业控制系统结构图，将描述各相应控制点的数据记录存入嵌入式数据库，包括预设参数信息、设备基本信息、实时测控信息和故障信息等，其中预设参数信息和设备基本信息由用户设定和录入，实时测控信息和故障信息由外部传感器采集并通过数据处理程序(借助 SQLite C/C++ 接口)存储到嵌入式数据库内，应用程序通过对数据库记录的处理就可以实时获取和更新各控制点的状态，发出命令，达到实时监测和控制的目的。

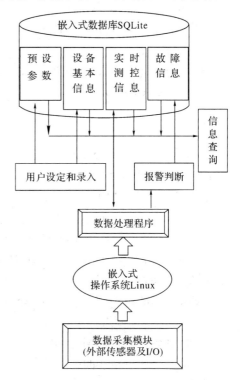

图 5-15　采用嵌入式数据库的工业控制系统结构图

5.4.1 嵌入式数据库设计

工业控制系统中需管理的数据主要包括预设参数信息、设备基本信息、实时测控信息和故障信息，创建 4 个数据表的语句如下：

(1) Default_parameters(parameter_ID, parameter_name, current_value, modify, modify _time); //预设参数表

(2) device_infor(device_no, device_name, unit, range_max, range_min); //设备基本信息表

(3) device_collector(ID, term_data, time, device_ID); //实时测控信息表

(4) fault_infor(fault_code, notice, mal_cause, project_check)。//故障信息表

5.4.2 C 语言编程实现对嵌入式数据库的操作

通过程序对 SQLite 数据库进行操作时，无须进行复杂的安装工作，只需将 SQLite 下载压缩包中的 sqlite3ext.h、sqlite3.h 和 sqlite3.c 这三个文件复制到系统 lib 库或用户库目录中，并在源代码中包含所需要的头文件即可。

下面是采用 SQLite C/C++API 接口，使用 C 语言编写数据库操作函数，实现工业控制嵌入式数据库管理终端的关键代码：

(1) 创建数据库。

```
sqlite3 *db;//全局的数据连接
int rc;
rc = sqlite3_open("gykz.db", &db);
if( rc ){
    fprintf(stderr, "Can't open database: %s\n", sqlite3_errmsg(db));
    sqlite3_close(db);
    exit(1);
}
printf("\nCreate database success!");
```

(2) 创建设备基本信息表。

```
char* zErrMsg = NULL;
char sql[256] = "CREATE TABLE device_infor(device_no varchar(40), device_name varchar(40),
                unit varchar(40), range_max smallint, range_min smallint);";
int nret = sqlite3_exec(db, sql, NULL, NULL, &zErrMsg);
```

(3) 添加设备基本信息。

```
char tem_sql[256] = "insert into device_info values('";
...
sql = strcat(tem_sql, device_no);
sql = strcat(sql, tem_sql0);
...
rc = sqlite3_exec(db, sql, callback, 0, &zErrMsg);
```

```
        if( rc != SQLITE_OK){
            fprintf(stderr, "SQL error: %s\n", zErrMsg);
            sqlite3_free(zErrMsg);
        }
        int sqliteDB_opt_add_device_info(char *device_no, char *device_name, char *unit, int range_max,
int range_min){
            int rc;
            char *zErrMsg = 0;
            char *sql = 0;//动态生成的 SQL 语句
            char tem_sql[256] = "insert into device_info values('";
            char tem_sql0[5] = "', '";
            char tem_sql1[5] = "', ";
            char tem_sql2[5] = ");";
            char tem_sql3[5] = ", ";
            char tem_range_max[20];
            char tem_range_min[20];
            sprintf(tem_range_max, " %d" , range_max);        //将 int 数据转换为字符串
            sprintf(tem_range_min, " %d" , range_min);        //将 int 数据转换为字符串
            sql = strcat(tem_sql, device_no);
            sql = strcat(sql, tem_sql0);
                sql = strcat(tem_sql, device_name);
            sql = strcat(sql, tem_sql0);
                sql = strcat(tem_sql, unit);
            sql = strcat(sql, tem_sql1);
                sql = strcat(sql, tem_range_max);
            sql = strcat(sql, tem_sql3);
                sql = strcat(sql, tem_range_min);
            sql = strcat(sql, tem_sql2);
            rc = sqlite3_exec(db, sql, callback, 0, &zErrMsg);
            if( rc != SQLITE_OK ){
                fprintf(stderr, "SQL error: %s\n", zErrMsg);
                sqlite3_free(zErrMsg);
            }
        }
```

(4) 根据设备编号查询实时测控信息。

```
        int sqliteDB_opt_select_device_col(char *device_ID){
            sqlite3_stmt* stmt = NULL;
            char* zErrMsg = NULL;
            char *_ID, *_term_data, *_time, *_device_ID;
```

```
int nret = 0;
int rc;
char *sql = 0;                    //动态生成的 SQL 语句
char tem_sql[256] = "select * from device_collector where device_ID = '";          //
char tem_sql0[3] = "'";
char tem_sql1[3] = ";";

sql = strcat(tem_sql, device_ID);
sql = strcat(sql, tem_sql0);
sql = strcat(sql, tem_sql1);
nret = sqlite3_prepare(db, sql, strlen(sql), &stmt, (const char**)(&zErrMsg));
if(nret! = SQLITE_OK)
    return false;
    printf("\n\t    ID \t\t    data \t\t    time \t\t    device-ID\n");
    printf("\t-------------------------------------------------------------\n");
while(1){
    nret = sqlite3_step(stmt);
    if(nret != SQLITE_ROW)
    break;
    _ID = sqlite3_column_text(stmt, 0);
                _term_data = sqlite3_column_text(stmt, 1);
                _time = sqlite3_column_text(stmt, 2);
                _device_ID = sqlite3_column_text(stmt, 3);
    printf("\t%s\t\t%s\t\t%s\t\t%s\n", _ID, _term_data, _time, _device_ID);
}

sqlite3_finalize(stmt);
printf("\n");
return true;
}
```

(5) 关闭与数据库的连接。

```
int sqliteDB_close(){
    if(db != 0)
        sqlite3_close(db);
}
```

5.4.3　嵌入式数据库测试

交叉编译生成可执行文件，采用 NFS 挂载的方式进行测试，工业控制嵌入式数据库管理终端如图 5-16 所示，在 Shell 提示符下输入 1，回车进入设备基本信息录入界面，要求用户输入设备编号(device_name)、设备名(device_name)、单位(unit)、量程上限(range_max)、量程下限(range_min)等信息。

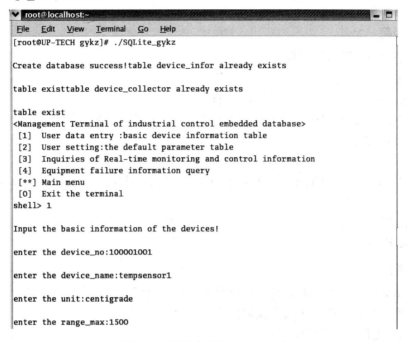

图 5-16 设备基本信息录入界面

在 Shell 提示符下输入 3，回车进入实时测控信息查询界面，如图 5-17 所示，要求用户输入设备编号(device-ID)，系统根据设备编号查找并显示记录号(ID)、终端数据(data)、时间(time)等信息。

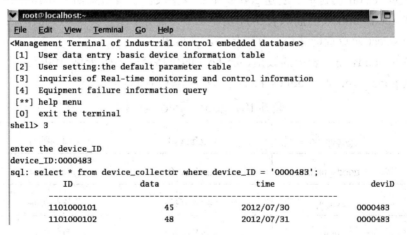

图 5-17 实时测控信息查询界面

在 Shell 提示符下输入 2 完成预设参数信息设置，输入 4 完成设备故障信息查询，故障信息表也叫用于历史数据分析，每类信息都只在一个表中存储，可在需要时添加、删除和更新。

习 题 5

1．选择题

(1) SQLite 包括的部件有(   )。

A．内核   B．后端

C．SQL 编译器   D．磁盘

(2) SQLite3 支持 NULL、REAL、TEXT、BLOB 和(   )数据类型。

A．INTEGER   B．CHAR

C．FLOAT   D．BOOL

(3) SQLite 第一个 Alpha 版本发布于 2000 年 5 月，是用(   )编写的，并完全开放源代码。

A．Java 语言   B．C 语言

C．C++ 语言   D．C# 语言

2．简答题

(1) 什么是嵌入式数据库，它与传统数据库相比有何特点？

(2) 举例说明日常生活中嵌入式数据库的应用。

(3) 简述 SQLite 的组成结构。

3．编程题

在命令行下，用 SQLite3 的相关命令实现如下操作：

(1) 创建数据库 goods.db；

(2) 在 goods.db 数据库中创建 goods_info 数据表，字段信息如表 5-10 所示；

(3) 在 goods_info 表中插入表 5-11 所示的 3 条记录；

(4) 用 select 命令查询并将所有记录显示在屏幕上；

(5) 更新 goods_info 表中的数据，将 beef 的价格修改为每千克 100 元；

(6) 在 goods_info 表的 goods_name 属性上创建索引。

表 5-10 goods_info 表结构

goods_no	varchar(40)	商品编号
goods_name	varchar(40)	商品名称
category	varchar(40)	商品类别
unit	varchar(20)	商品单位
price	smallint	商品价格
quantity	smallint	商品数量

表 5-11 goods_info 表记录

goods_no	goods_name	category	unit	price	quantity
0105.9991	beef	food	kg	102	30
0105.9992	eggs	Daily necessities	kg	16	40
0106.1213	toothpaste	Daily necessities	one	12	23

实训项目五 SQLite3 数据库操作

实训目标

(1) 掌握嵌入式数据库 SQLite3 的安装和移植；

(2) 熟悉 SQLite 数据库的基本命令；

(3) 掌握 C 语言编程对 SQLite 数据库进行操作。

实训环境

硬件：PC 机一台，ARM 目标板或嵌入式实验箱(以下内容以 UP-CUP S2410 实验箱为例介绍，其他平台类似)；

软件：宿主 PC 机安装 Linux 操作系统。

实训内容

1．SQLite3 数据库安装

从"http://www.sqlite.org"下载 SQLite3 源码包，然后按照 5.3.2 节步骤解压、配置、编译并安装。

2．将 SQLite 数据库移植到 ARM-Linux 平台上

(1) 在宿主机上安装 armv4l-unknown-linux-gcc 交叉编译器(如果选用的硬件平台是 TINY210 开发板，则安装 arm-linux-gcc 编译器)。

(2) 使用如下命令修改/home/sqlite-3.7.13 目录下的 configure 文件：

    #cd /home/sqlite-3.7.13/sqlite-arm-linux

    #./configure --disable-tcl --prefix = /home/sqlite-3.7.13/sqlite-arm-linux/ --host = arm-linux

生成了 makefile 文件，将在 make 时用到。

(3) 设置交叉编译环境。

设置 config_TARGET_CC 和 config_BUILD_CC 两个环境变量。config_TARGET_CC 是交叉编译器，config_BUILD_CC 是主机编译器，其命令如下：

    #export config_BUILD_CC = gcc

    #export config_TARGET_CC = armv4l-unknown-linux-gcc

(4) 使用如下命令编译并安装：

    #make && make install

成功后，在/home/sqlite-3.7.13/sqlite-arm-linux/lib 目录下生成库文件。

(5) 移植。将库文件移植到 ARM 开发板的/usr/sqlite/lib 目录下，至此，SQLite 在

ARM-Linux 平台上已经移植成功，应用程序在开发板上运行时就可以使用 SQLite 提供的库函数。

3．数据库测试

通过超级终端进入嵌入式实验箱或开发板，然后输入 SQLite3 命令，如果出现"sqlite>"提示符则表示正确安装了数据，在此提示符下就可以运行建立数据库、建立表、插入、查询等命令。

数据库测试命令如下：

```
#sqlite3
SQLite version 3.8.8.2 2015-01-30 14:30:45
Enter ".help" for usage hints.
sqlite>
```

4．数据库操作命令

(1) 创建数据库 worker_manage.db；

(2) 在 worker_manage.db 数据库中创建 people 数据表，字段信息如表 5-12 所示；

(3) 在 people 表中插入表 5-13 所示的 3 条记录；

(4) 用 select 命令查询所有年龄小于 30 的职工信息并显示在屏幕上；

(5) 更新 people 表中的数据，将姓名为"张芳"的员工年龄修改为 33 岁；

(6) 在 people 表的 NAME 属性上创建索引；

(7) 练习数据库管理命令的操作，包括 Help 命令、Database 命令、Tables 命令等(参考 5.3.5 节)。

表 5-12　people 数据表的结构

字段	类型	说明
ID	Integer	ID 号作为主键
NAME	varchar(20)	姓名
SEX	varchar(20)	性别
TEL	varchar(20)	联系电话
AGE	Integer	年龄

表 5-13　people 数据表记录

ID	NAME	SEX	TEL	AGE
2015070001	刘欢饮	男	18993075641	25
2015070002	杨树	男	13609352558	31
2016070013	张芳	女	13608792451	35

5．设计应用程序

结合以上建立的 worker_manage.db，使用 SQLite3 的 API 函数，设计一个应用程序，实现对数据库的基本操作，包括创建表、查询、更新、删除等操作(参考 5.3.4 节和 5.4.2 节源码)。

第 6 章　嵌入式 Linux 应用开发

本章主要介绍基于嵌入式 Linux 的应用程序开发实例，包括 Qt 图形用户界面应用程序设计、嵌入式 Web 服务器的移植和应用、CGI 程序的编写、Socket 网络通信、嵌入式数据采集系统、嵌入式 Linux 时间编程等。

6.1　图形界面应用程序设计

6.1.1　Qt 简介

相对于需要记忆很多繁琐命令才可以运行的应用程序，人们更愿意使用具有人机交互的界面，这样可以通过窗口、菜单、按键等方式来简化对软件的操作。构造图形用户界面需要用到 GUI 库，在 Linux 系统中，有很多可供选择的 GUI 库，其中 Qt 是比较流行的一个，它是一种非常优秀的编程工具，具有很多优点和其他编程工具所不具备的特征。其中最主要的特征可归纳为以下两点：

(1) Qt 是一个完整的 C++应用程序开发框架，具有 C++ 的优点，在 C++ 的基础之上，基于面向对象的编程思想，扩展了一些 Qt 中特有的类。

(2) Qt 提供的 API 在所有平台上都是相同的，针对每一种 OS 平台，Qt 都有一套对应的底层类库，而接口是完全一致的，所以说 Qt 是一个跨平台的图形用户界面应用程序框架，Qt 工具在所有平台上的使用方式一致，在 Qt 库上开发的程序在任何平台上都可以编译运行(前提是程序中没有使用某系统的特有功能)，轻松实现了"一次编写，随处编译"，特别适合于嵌入式应用开发。

6.1.2　构建 Qt 集成开发环境

1. 安装 Qt Creator

准备 Qt 安装文件 Qt SDK(Qt Creator)(可到网站下载或者使用实验箱或开发板自带的安装文件)，本书的安装文件名为 qt-sdk-linux-x86-opensource-2010.05.1.bin，将其拷贝到虚拟机 Linux 的/opt 目录下，输入如下命令进行安装：

```
#cd/opt
#chmod u+x qt-sdk-linux-x86-opensource-2010.05.1.bin
#./qt-sdk-linux-x86-opensource-2010.05.1.bin
```

安装完成后，在 Fedora8 中(默认的 gnome 环境下)，点击左上角的"应用程序"，选择"编程"，再选择"Qt Creator"启动 Qt Creator，如图 6-1 所示。

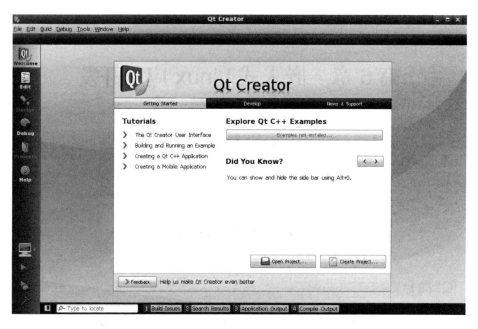

图 6-1　Qt Creator 的运行界面

2. 编译和运行 ARM 版本的 QtE-4.7.0

Qt 安装配置步骤如下：

(1) TINY210 开发板为 QtE-4.7.0 的编译制作了现成的脚本 build-all，进入源代码目录执行：

```
#cd/opt/FriendlyARM/tiny210/linux/arm-qte-4.7.0
#./build-all
```

这个过程比较漫长，根据机器配置的不同，需要不同的编译时间。

注意：请务必使用开发板/实验箱附带光盘中提供的交叉编译器(TINY210 开发板自带编译器为 arm-linux-gcc-4.5.1)，以下步骤在 Fedora8 平台上测试通过。

(2) 当顺利执行完毕步骤(1)后，再运行 mktarget 脚本，将会从编译好的目标文件目录中提取出必要的 QtE-4.7.0 库文件和可执行二进制示例，并打包为 target-qte-4.7.0.tgz，把它在开发板的根目录下解压就可以使用了，使用命令如下：

```
#tar xvzf target-qte-4.7.0.tgz–C/
```

这样，就会在/usr/local/目录下创建生成 Trolltech 目录，它里面包含了运行所需的所有库文件和可执行程序。

6.1.3　简单计算器应用程序

本小节编写了一个简单的计算器应用程序，要求具有完成两个数加法的功能。

1. 在 PC 机上编写计算器应用程序

步骤一：新建 Qt Gui Project。

点击"File"菜单，再选择"New File or Project"，在弹出的"New"对话框中在左边的分类中选择"Qt C++ Project",在右边的项目类型中选择"Qt Gui Application",最后点击右下角的"Choose…"按钮,如图 6-2 所示。然后在弹出的"Instruction and project location"对话框中的"Name"输入框中输入项目名称"MyFirstQTapp",在"Create in"输入框中输入项目所在目录名称"/home/program",如图 6-3 所示。

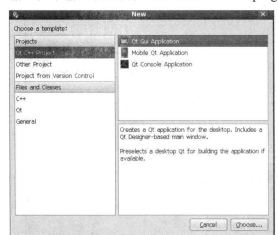

图 6-2 新建 Qt Gui Project

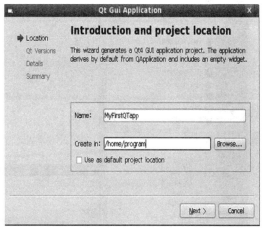

图 6-3 输入项目名称和路径对话框 MyFirstQTapp

在图 6-3 所示的对话框中输入完成后,点击"Next"按钮,将弹出选择 Qt Version 的对话框,无需修改,直接点击"Next"按钮,然后再弹出的"Class Information"对话框中选择"Base class"为"QWidget",如图 6-4 所示。

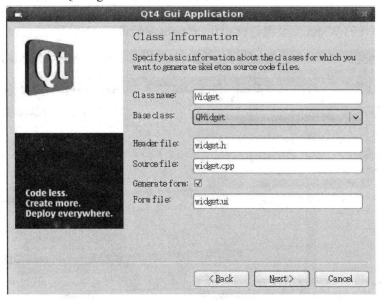

图 6-4 新建 QWidget

在接下来的对话框中,点击"Next"按钮完成项目向导,完成后进入 Qt Creator 的主界面,将自动打开 designer 视图,在该视图下,用可视化的方式设计计算器图形界面,如图 6-5 所示。

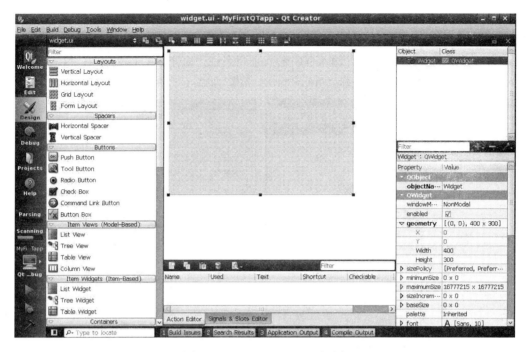

图 6-5　Qt Creator designer 视图

　　步骤二：根据开发板屏幕尺寸修改窗口大小。

　　因为最终要将程序在 TINY210 开发板上运行，我们可以根据开发板屏幕大小修改窗口尺寸，例如将窗口的大小改成 480×320。修改窗口大小的方法是在右下方的属性窗口中，将 geometry 属性的 Width 字段都改成 480、Height 字段改成 320，如图 6-6 所示。

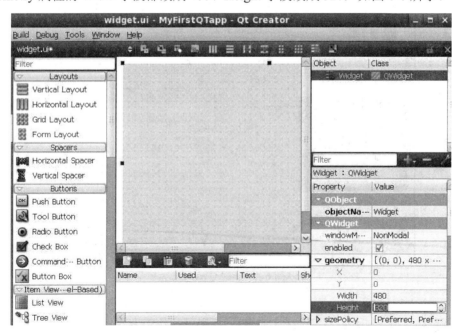

图 6-6　修改窗体尺寸

步骤三：设计计算器程序界面。

• 在窗口上放置控件。

如图 6-7 所示，在窗体上放置如下控件：

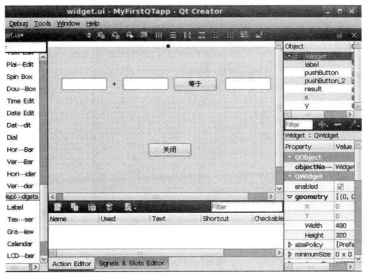

图 6-7 控件布局

(1) 两个 Push Button（按钮）：一个显示"等于"，用于点击时计算结果，一个显示"关闭"，用于退出程序。

(2) 三个 Line Edit(单行文本框)：两个用于输入要执行加法运算的数字，另一个用于显示计算结果。

(3) 一个 Label(文本标签)：用于显示加号。

(4) 修改 Label 控件和 Push Button 上面的文字，更改方法是双击控件，然后输入文字即可。

• 修改 Line Edit 的 objectName 属性。

修改三个 Line Edit 文本控件的 objectName 属性，将它们分别命名为 x、y、result，如图 6-8 所示。

图 6-8 修改 Line Edit 的 objectName 属性

• 修改窗口标题。

在属性窗口中把窗口的标题(window Title)改成 My Calculator，如图 6-9 所示。

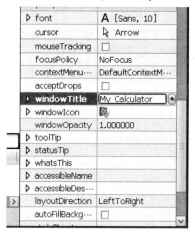

图 6-9　修改窗口标题

步骤四：编写代码。

在 Design 视图中，右击"等于"按钮，选择"Go to slot"，在弹出的"Go to slot"对话框中，选择"clicked()"，如图 6-10 所示。

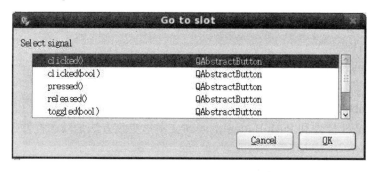

图 6-10　选择 clicked()函数

然后点击"OK"按钮为"等于"按钮添加 clicked 信号处理函数 on_pushButton_clicked，界面将定位到"Edit"代码编辑视图，光标将在 on_pushButton_clicked 函数内闪烁，我们在函数内部输入"等于"按钮的处理代码如下：

```
Void Widget::on_pushButton_clicked()
{
    ui->result->setText(" ");
    if((ui->x->text().isEmpty()) || (ui->y->text().isEmpty()))
    {
        return;
    }
    bool ok = false;
    int xx = ui->x->text().toInt(&ok);
    if( ! ok)
```

```
    {
        ui->x->setText(" ");
        return;
    }
    ok = false;
    int yy = ui->y->text().toInt(&ok);
    if( ! ok)
    {
        ui->y->setText("");
        return;
    }
    ui->result->setText(QString::number(xx+yy));
        close();
    }
```

输入界面如图 6-11 所示。

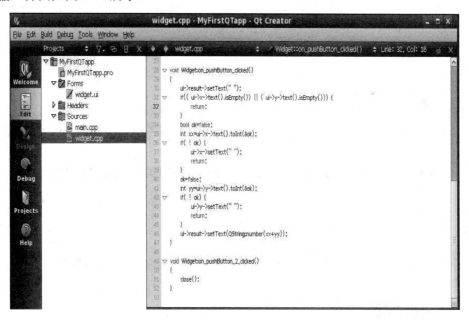

图 6-11　按钮函数代码输入

返回 Design 视图，右击"关闭"按钮，选择"Go to slot"，在弹出的"Go to slot"对话框中，选择"clicked()"然后点击"OK"按钮，界面将定位到"Edit"代码编辑视图，光标将在 on_pushButton_2_clicked 函数内闪烁，我们在函数内部输入如下代码：

```
void Widget::on_pushButton_2_clicked()
{
    close();
}
```

步骤五：在 PC 上编译并运行程序。

在界面左边点击▶按钮编译并在 PC 上运行程序，运行结果如图 6-12 所示。

图 6-12　PC 机上的运行结果

2. 将计算器应用程序移植到 ARM 开发板

步骤一：设置 Qt Creator 使其支持交叉编译。

首先确定已经安装了 QtEmbedded-4.7.0-arm，安装在 PC 机上的目录为/usr/local/Trolltech/QtEmbedded-4.7.0-arm/，如果还没有安装，请参照 6.1.2 节步骤安装。

下面对 Qt Creator 进行设置，使其使用 QtEmbedded-4.7.0-arm 编译程序，请按照如下步骤设置：

(1) 点击 Tools-Options-Qt4-Qt Versions。

(2) 点击右侧的➕按钮，然后在下方的编辑框的"Version name"中输入"QTembedded 4.7.0"，"qmake location"为"/usr/local/Trolltech/QtEmbedded-4.7.0-arm/ bin/qmake"，如图 6-13 所示。

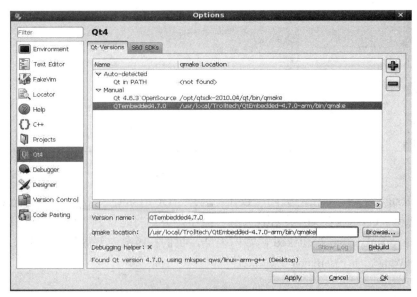

图 6-13　交叉编译设置

(3) 设置完成后点击"OK"按钮。

步骤二：交叉编译 Qt4 程序。

在 Qt Creator 主界面的左侧点击"Project"按钮，在"Build Settings"选项卡中的"Edit build configuration"下拉框中选择"Qt in PATH Release"；然后在"Qt version"下拉框中选择"QTembedded4.7.0"；最后，修改"Build directory"为"/home/program/MyFirstQTapp"，修改结果如图 6-14 所示。

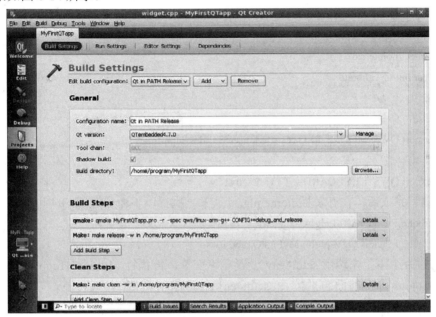

图 6-14　编译配置界面

修改完成后，点击 Qt Creator 主界面左侧的 ▦ 按钮，确认 build 的设置为"Qt in PATH Release"，然后点击 ▨ 按钮开始进行交叉编译，编译成功后，编译产生的可执行文件位于 /home/program/MyFirstQTapp 目录下，文件名为 MyFirstQTapp。

步骤三：将 Qt4 程序配置到 TINY210 上运行。

(1) 将可执行文件 MyFirstQTapp 拷贝到 U 盘或者 SD 卡上，然后拷贝到开发板 /home/plg 目录下，使用如下命令修改权限：

```
# chmod+x MyFirstQTapp
```

(2) 编写一个 setqt4env 脚本如下：

```
#!/bin/sh
if[-e/etc/friendlyarm-ts-input.conf];then
./etc/friendlyarm-ts-input.conf
fi
true${TSLIB_TSDEVICE := /dev/touchscreen}
TSLIB_CONFFILE = /etc/ts.conf
export TSLIB_TSDEVICE
cxport TSLIB_CONFFILE
export TSLIB_PLUGINDIR = /usr/lib/ts
```

```
export TSLIB_CALIBFILE = /etc/pointercal
export QWS_DISPLAY =: 1
export LD_LIBRARY_PATH = /usr/local/lib:$LD_LIBRARY_PATH
export PATH = /bin:/sbin:/usr/bin/:/usr/sbin:/usr/local/bin
if[-c/dev/touchscreen];then
export QWS_MOUSE_PROTO = "Tslib MouseMan:/dev/input/mice"
if[!-s/etc/pointercal]; then
rm/etc/pointercal
/usr/bin/ts_calibrate
fi
else
export QWS_MOUSE_PROTO = "MouseMan:/dev/input/mice"
fi
export QWS_KEYBOARD = TTY:/dev/tty1
```

(3) 编写完成后，在开发板/home/plg 目录下，执行以下命令运行 Qt4 可执行程序：

```
[root@FriendlyARM plg]#.setqt4env
[root@FriendlyARM plg]#./MyFirstQTapp-qws
```

上面的命令中，先调用 setqt4env 设置环境变量，再执行 MyFirstQTapp 可执行程序。注意：setqt4env 命令前面的"."和 setqt4env 之间有一个空格。

在 TINY210 开发板上的运行结果如图 6-15 所示。

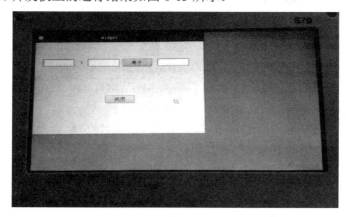

图 6-15　TINY210 开发板上的运行结果

注：由于 Qt4.7 下没有虚拟键盘，因此不能用这个程序进行加法运算，但此实例已经实现了"Qt4 程序的编译—PC 机运行—交叉编译—开发板运行"整个过程。感兴趣的读者可以尝试将此实例移植到 Qt-Extended4.4.3 上，就可以实现加法运算了。

6.2　嵌入式 Web 服务器的移植和应用

随着互联网的应用和普及，越来越多的信息化产品需要接入互联网通过 Web 页面进行远程访问。嵌入式 Web 系统提供了一种经济、实用的互联网嵌入式接入方案，在嵌入式设备上运行一个支持脚本或 CGI 功能的 Web 服务器(即嵌入式 Web 服务器)，能够生成动态页面，在客户端只需通过 Web 浏览器就可以对嵌入式设备进行管理和监测。嵌入式 Web 服务器将 Web 服务器移植到现场测试和控制设备中，可用于监测和控制远程设备，其具有体积小、易安装、成本低、功耗低、灵活设计等特点，克服了基于 PC 机的 Web 服务器在监测现场或无人值守环境使用的局限性，成为嵌入式技术的一个研究方向。

　　嵌入式系统受到硬件资源的限制，需要使用一些专门为嵌入式系统设计的 Web 服务器，称为嵌入式 Web 服务器，这些嵌入式 Web 服务器所占用的存储空间和运行时的内存空间都比较小，非常适合于嵌入式应用场合。在 Linux 操作系统中，常用的嵌入式 Web 服务器有 3 个，分别是 httpd、thttpd 和 boa。httpd 是最简单的 Web 服务器，它的功能最弱，不支持认证，不支持 CGI；thttpd 和 boa 都支持认证和 CGI，功能较强。

　　嵌入式 Web 服务器的体系结构如图 6-16 所示。用户通过 Web 浏览器发送连接请求，嵌入式 Web 服务器端监听来自远程 Web 浏览器的连接请求并进行合法性检查，检查通过后建立连接并接收用户传来的参数。服务器判断客户端请求的内容，静态网页文件直接从嵌入式 Web 服务器获取；对于动态数据，则通过执行 CGI 程序从嵌入式数据库中获取，并把从嵌入式数据库中的查询结果通过动态网页返回。另外，嵌入式 Web 服务器也可以通过设备驱动程序完成对硬件设备数据的采集和对硬件设备的控制。

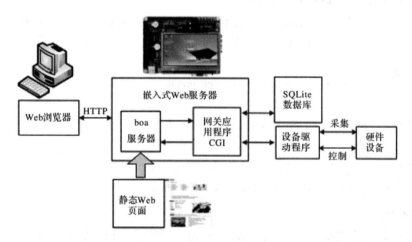

图 6-16　嵌入式 Web 服务器的体系结构

　　本小节首先介绍嵌入式 Web 服务器 boa 的移植、配置和测试，然后通过 CGI 程序实现客户端浏览器对嵌入式设备(实验箱/开发板)文件数据的读取。

6.2.1　嵌入式 Web 服务器的移植和配置

　　boa 服务器是一个单任务 Web 服务器，它的源码极小，只有 200 kB 左右，编译好的可执行文件加上配置文件只有 50 kB 左右，这对于嵌入式存储环境是比较适合的。boa 的设计目标是速度快和安全可靠，下面介绍 boa 的移植和配置。

1. 下载源码

　　从“www.boa.org”网站下载 boa 源码 boa-0.94.13.tar.gz，解压并进入源码目录的 src

子目录(假设 boa-0.94.13.tar.gz 的解压目录为/root)：

> #tar xzf boa-0.94.13.tar.gz

> #cd boa-0.94.13/src

2. 交叉编译 boa

(1) 通过运行 src 目录下的 configure 文件，生成 makefile 文件，命令如下：

> #./configure

(2) 修改 makefile 文件，使可执行文件可以在 ARM 开发板上运行。找到 CC = gcc 和 CPP = gcc-E，分别将其改为交叉编译器的名称。

在 TINY210 开发板上，修改 makefile 文件内容如下：

> #CC = arm-linux-gcc

> #CPP = arm-linux-gcc

在 UP-CUP S3C2410 实验箱上，修改 makefile 文件内容如下：

> #CC = armv4l-unknown-linux-gcc

> #CPP = armv4l-unknown-linux-gcc

(3) 输入以下命令，编译得到 boa 可执行文件，命令如下：

> #make

> #arm-linux-strip boa

注：如出现错误提示 util.c:100:1:error:pasting"t"and"->"doesnot give a valid preprocessing token，则修改 src 源码目录(/root/boa-0.94.13/src)下的 compat.h 文件，修改内容如下：

找到：

> #define TIMEZONE_OFFSET(foo)foo##->tm_gmtoff

修改成：

> #define TIMEZONE_OFFSET(foo)(foo)->tm_gmtoff

以下是修改后的结果：

> 120   #define TIMEZONE_OFFSET(foo) foo##->tm_gmtoff

> 120   #define TIMEZONE_OFFSET(foo) (foo)->tm_gmtoff

3. 配置 boa

为了能在开发板或实验箱上运行 boa 服务器，必须配置 boa 服务器的运行环境。首先在 /etc 目录下创建一个 /boa 目录，命令如下：

> #mkdir /etc/boa

从 boa 源码目录(/root/boa-0.94.13)拷贝 boa.conf 到 /etc/boa 目录下，命令如下：

> #cp/root/boa-0.94.13/boa.conf /etc/boa/

然后对其修改如下：

(1) Group 的修改。

因为在 /etc/passwd 中有 nobody 用户，因此 User nobody 不用修改；由于在 /etc/group 文件中没有 nogroup 组，所以设为 0，即修改 Group nogroup 为 Group 0，结果如下：

> 48   User nobody

> 49   Group 0

(2)　ScriptAlias 的修改。

① 指定 CGI 脚本的存放位置。

修改 ScriptAlias/cgi-bin//usr/lib/cgi-bin/ 为 ScriptAlias/cgi-bin//var/www/cgi-bin，结果如下：

> 193　ScriptAlias　/cgi-bin/　/var/www/cgi-bin/

② 添加网页存放位置 /var/www/index.html，结果如下：

> 111　DocumentRoot　/var/www/index.html
>
> 111　DocumentRoot　/var/www

(3)　ServerName 的设置。

去掉 #ServerName http://www.your.org.here 前面的#，结果如下：

修改前：

> 94　#ServerName http://www.your.org.here

修改后：

> 94　ServerName http://www.your.org.here

4. boa 的移植

配置成功以后，还要创建日志文件所在目录/var/log/boa；首先创建 HTML 文档的主目录/var/www；然后创建 CGI 脚本目录/var/www/cgi-bin，将 CGI 脚本存放在该目录下；最后将 mime.types 文件复制到/etc 目录下，通常从 Linux 主机的/etc 目录下直接复制即可。详细步骤如下：

(1)　创建日志文件目录/var/log/boa，命令如下：

```
#mkdir/var/log
#cd/var/log
#mkdir boa
```

(2)　创建 HTML 文档的主目录，命令如下：

```
#mkdir/var/www
```

将静态网页文件 index.html 和 img 目录存放在该目录下。

(3)　创建 CGI 脚本所在目录/var/www/cgi-bin，将 CGI 脚本存放在该目录下，命令如下：

```
#mkdir/var/www/cgi-bin
```

(4)　将 mimie.types 文件复制到/etc 目录下，命令如下：

```
#cp mime.types/etc
```

6.2.2　在 TINY210 开发板上运行 boa

在 TINY210 开发板运行 boa 服务器的步骤如下：

(1)　在 TINY210 开发板上创建 /etc/boa 目录，然后按照 6.2.1 节步骤配置 boa.conf 文件，最后将配置好的 boa.conf 文件拷贝到开发板的 /etc/boa 目录下。

(2)　在开发板上创建日志文件目录 /var/log/boa，命令如下：

```
#mkdir /var/log/boa
```

(3)　在开发板上创建 /var/www 目录、/var/www/image 目录和 /var/www/cgi-bin 目录，

将静态网页文件拷贝到 /var/www 目录，将图片文件拷贝到 /var/www/image 目录，将 CGI 脚本拷贝到 /var/www/cgi-bin 目录。

(4) 进入 boa 可执行文件存放路径，然后输入如下命令启动 boa 服务器运行：

　　#./boa

(5) 嵌入式 Web 服务器测试。

① 输入如下命令配置 TINY210 开发板的 IP 地址为 192.168.0.100(如图 6-17 所示)：

　　#ifconfig eth0 192.168.0.100 up

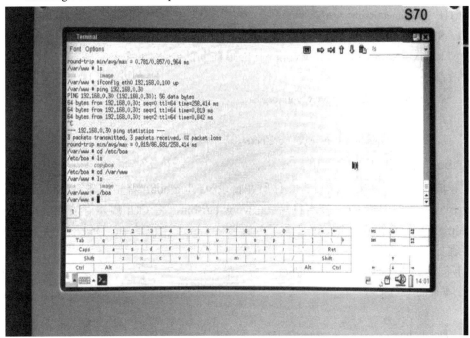

图 6-17　开发板上启动 boa 服务器

② 配置宿主机 Widows 操作系统的 IP 地址为 192.168.0.30，使其与 TINY210 开发板 boa 服务器的 IP 地址在同一个网段，图 6-17 显示用 ping 命令测试开发板与宿主机之间网络是通的(注：也可以在虚拟机 Linux 操作系统下访问嵌入式 Web 服务器，方法是将 Linux 操作系统的 IP 地址与 boa 服务器配置在同一个网段)。

③ 使用 ping 命令在 Widows 操作系统下测试其与开发板的连通性，如图 6-18 所示。

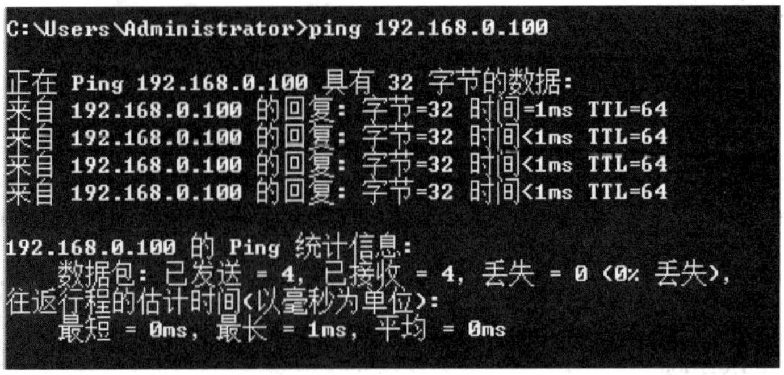

图 6-18　宿主机 Widows ping 开发板 boa 服务器

④　在宿主机浏览器中输入嵌入式 Web 服务器的 IP 地址(192.168.0.100)，对嵌入式 Web 服务器进行访问，结果如图 6-19 所示。

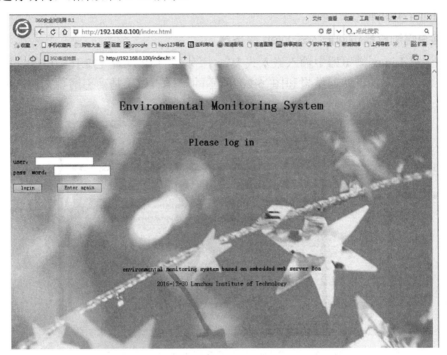

图 6-19　宿主机浏览器访问嵌入式 Web 服务器

6.2.3　在 UP-NETARM2410 实验箱上运行 boa

boa 服务器也在 UP-NETARM2410 实验箱上测试通过，具体步骤如下。

1. boa 服务器的移植和配置

按照 6.2.1 节所述步骤，首先生成 boa 可执行文件，配置 boa.conf 文件并将其拷贝至宿主机 /etc/boa/ 目录下，然后创建日志文件目录 /var/log/boa、HTML 文档的主目录 /var/www 和图片文件目录 /var/www/img，将 index.html 文件拷贝至 /var/www 目录，将图片文件拷贝至 /var/www/img 目录，最后将 mimie.types 文件复制到 /etc 目录下。

2. 实验箱挂载主机目录

在宿主机上配置 Minicom，连接实验箱，在实验箱 /mnt/yaffs 目录下创建目录 boa，然后通过超级终端进入实验箱，采用如下命令将宿主机文件挂载至实验箱：

    [/mnt/yaffs]mkdir boa
    [/mnt/yaffs]mount-t nfs-onolock192.168.0.30://mnt/yaffs/boa

注：假设 NFS 服务器的 IP 地址为 192.168.0.30，实验箱的 IP 地址为 192.168.0.100。

3. 运行 boa 服务器

挂载成功后，通过实验箱目录 /mnt/yaffs/boa 进入宿主机上 boa 可执行文件存放路径(例如 boa 可执行文件存放在宿主机 /var/www 目录下)，然后启动 boa 服务器运行。命令如下：

[/mnt/yaffs]cd boa

[/mnt/yaffs/boa]cd/var/www

[/mnt/yaffs/var/www]./boa

4. 客户端浏览器访问嵌入式 Web 服务器

在宿主机 Linux 浏览器中输入嵌入式 Web 服务器的 IP 地址 192.168.0.100,即可访问服务器上的网页文件,访问结果和图 6-20 所示的一样。如果是动态网页文件,可以编写 CGI 脚本,然后存放在 /var/www/cgi-bin 目录下。

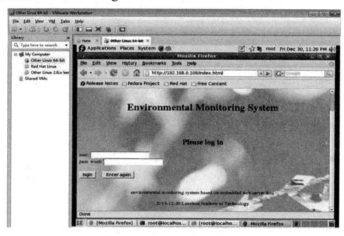

图 6-20   宿主机浏览器访问嵌入式 Web 服务器

6.2.4   客户端浏览器读取嵌入式设备文件数据

boa 服务器只能依次完成用户的请求,而不会创建出新的进程来处理并发送连接请求,但它支持 CGI,能够为 CGI 程序创建出一个进程来执行。CGI(Common Gateway Interface)是公共网关接口,可以让客户端从网页浏览器向执行在网络服务器上的程序请求数据。CGI 是客户端和服务器程序之间传输数据的一种标准,是 HTTP 服务器与其他计算机上的程序进行交互的一种工具,它的程序要在网络服务器上运行。

1. CGI 简介

CGI 即通用网关接口,它是组成 WWW 技术的一种,是外部扩展应用程序与 Web 服务器交互的一个标准接口。按照 CGI 标准编写的可执行程序是在服务器端运行的,它让 HTML 文件在客户端和服务器之间有了更多的交互。其程序需运行在网络上,大多数的 CGI 程序用来解释处理表单的信息,并在服务器上产生相应的处理,或者反馈给浏览器,从而使网页有了交互功能。

CGI 仅仅是一种规范而已,可以采用多种语言来编写 CGI 程序,如 C、Perl、C++、VB 和 C Shell 等。VB 是微软开发的编程语言,它开发的程序只能在 Windows 平台上运行,因而有一定的局限性。C Shell 只能在 Unix/Linux 平台上执行,同时它的功能也相当有限。Perl 是 Unix 上专用的高级语言,它具有强大的字符串处理能力,是表单类程序的首选。C、C++ 用处广泛,虽然用它们在编写 CGI 程序的时候缺乏可以灵活使用的字符串处理函数,对程序员的要求比较高,维护比较复杂,但是它们具有很强的移植性以及灵活性。由于

CGI 是客户端和服务器的接口，对于不同的服务器而言，CGI 程序的移植是一个很复杂的问题，因此选用 C/C++ 编写 CGI 程序成为首选。

CGI 的处理步骤如下：

(1) 客户端通过 Internet 把用户请求发送给服务器；

(2) 服务器接收到客户请求后，将它交给相应的 CGI 程序处理；

(3) CGI 程序把处理后的结果传给服务器；

(4) 服务器将结果转发给客户端浏览器。

调用 CGI 程序的途径有两种，分别为 GET 和 POST。当使用 GET 的时候，CGI 程序从环境变量 QUERY_STRING 获得数据，客户端的数据就是通过这个环境变量传给服务器的，通常 CGI 必须要处理这个字符串才能解释和执行程序。使用 POST 方法时，Web 服务器通过标准输入流(stdin)向 CGI 程序传送数据，由于该输入流没有使用结束符 EOF，为了正确读取输入，必须使用环境变量 CONTENT_LENGTH 指定 POST 提交的数据长度。GET 方法将数据打包放在 QUERY_STRING 中作为 URL 整体的一部分传递给服务器，数据的传输也存在一定的不安全性。当数据量超过 1024 时只能使用 POST 来传递。

CGI 的工作原理如图 6-21 所示。

图 6-21　CGI 工作原理图

2. CGI 程序实现对嵌入式 Web 服务器上文件的读取

【例 6-1】编写 CGI 程序，实现客户端浏览器对嵌入式 Web 服务器上文件数据的读取。

程序代码：

```
#include<stdio.h>
#include<stdlib.h>
#include<ctype.h>
#define DATAFILE"/var/www/data.txt"
int main(void)
{
    FILE*f = fopen(DATAFILE, "r");
    char ch;
    char par1[10];
    char par2[10];
    char par3[10];
    int i = 0;
    int j = 0;
    int k = 0;
    int flag = 0;
```

```
if(f == NULL)           //判断打开文件是否成功
{
    printf("Content-type:text/html;charset = gb2312\n\n");
    printf("<TITLE>error</TITLE>");
    printf("<p><EM>error!cannot open the file</EM>");
}
else//打开文件成功，开始输出网页
{
    printf("Content-type:text/html\n\n");
    printf("<html>\n");
    printf("<head><title>viewdata</title></head>\n");
    printf("<body>\n");
    printf("The environmental Monitoring System");
    printf("<br>Parameter1:");
    while((ch = getc(f)) != '\n')           //判断是否到了一行的末尾
    {
        if(ch != ' '&&flag == 0)              //flag = 0 表示正在读 Parameter1
        {
            par1[i] = ch;
            i++;
        }
        else if(flag == 0)
        {
            par1[i] = '\0';
            flag = 1;
            printf("%s ug/m3", par1);
            printf("<br>Parameter 2: ");
            continue;
        }
        else if(ch! = ' '&&flag == 1)         // flag = 1 表示正在读 Parameter2
        {
            par2[j] = ch;
            j++;
        }
        else if(flag == 1)
        {
            par2[j] = '\0';
            flag = 2;                         //flag = 2 表示读取 Parameter3
            printf("%s ug/m3<br>Parameter3:", par2);
```

```
                continue;
            }
            else
            {
                par3[k] = ch;
                k++;
            }
        }
        par3[k] = '\0';
        printf("%s ug/m3", par3);
        printf("</body>\n");
        printf("</html>");
        fclose(f);
        }
    return0;
    }
```

程序编译：

将上述程序保存为 jiaocai.c，然后按编译生成 CGI 程序。

实验箱上运行 CGI 程序的编译命令：

```
#armv4l-unknown-linux-gcc jiaocai.c-o jiaocai.cgi
```

开发板上运行 CGI 程序的编译命令：

```
#arm-linux-gccjiaocai.c-o jiaocai.cgi
```

程序测试：

data.txt 文件内容如图 6-22 所示。

按照 6.2.3 节步骤在 TINY210 开发板上配置 boa 运行环境，然后将 jiaocai.cgi 文件拷贝到开发板 var/www/cgi-bin 目录下；进入 boa 可执行文件存放路径，输入 ". /boa" 命令启动嵌入式 Web 服务器；在客户端浏览器中输入 "http://192.168.0.100/cgi-bin/jiaocai.cgi" 访问嵌入式 Web 服务器(注：192.168.0.100 为嵌入式 Web 服务器的 IP 地址)，从嵌入式 Web 服务器的文本文件 "data.txt" 中读取数据并在客户端浏览器界面上显示，如图 6-23 所示，可以看出，data.txt 文件的第一行内容已正确读出。

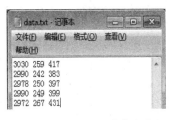

图 6-22　data.txt 文件内容

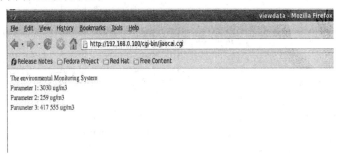

图 6-23　客户端浏览器访问嵌入式 Web 服务器文件数据

6.3 基于 ARM-Linux 的数据采集系统

传统的工业现场用到的数据采集系统硬件常采用 8/16 位单片机，软件多采用汇编语言，仅包含一个简单的循环处理控制流程；单片机与上位机的通信多采用 RS232、RS485 接口，这种结构的数据采集系统不能适应高速发展的网络化和信息化。伴随着计算机技术的发展，以微型计算机为核心平台的数据采集系统在工业现场的生产过程中发挥了很好的作用，但是这样的数据采集系统也逐渐暴露出了一些缺陷，如工业现场的环境一般都非常恶劣，而微型计算机的防尘、防震功能比较差；微型计算机体积大、不好携带以及扩展性差、成本高等。

而近年来伴随着嵌入式系统的迅速发展，其相比微型计算机的优势在工业现场数据采集的应用中凸显出来。简单来看，嵌入式数据采集系统具有以下特点：

(1) 可靠性高。嵌入式系统硬件大多采用芯片，与计算机系统的硬盘、扩展卡相比，具有防震、防尘的优点，硬件的高度集成带来了系统整体可靠性的大幅度提高。

(2) 体积小。嵌入式技术的发展、高端微处理器及 SoC 的应用，使得嵌入式系统的体积越来越小，为现场数据采集应用带来了极大的便利。

(3) 易扩展，功能强。嵌入式系统可以较容易地扩展出输入输出(I/O)接口，方便功能扩展。

(4) 开发周期短，成本低。与微型计算机系统相比，嵌入式系统开发周期短、成本低，有着巨大的优势。

6.3.1 系统结构

数据采集系统框架如图 6-24 所示，以 S3C2410 嵌入式微处理器为核心，该处理器内部集成了 10 位的 A/D 转换器，可用于高速数据采集。同时在处理器的外部配备了以太网控制器 CS8900、存储芯片以及一些外围电路，构成了系统的硬件平台。将 3 路模拟量信号通过 A/D 转换后输入处理器，然后通过网口发送给上位机。

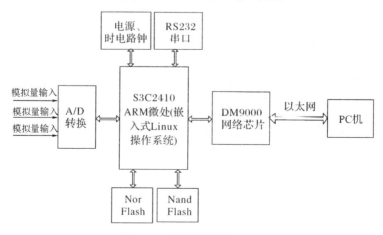

图 6-24　数据采集系统结构

6.3.2　硬件电路连接

1. A/D 转换电路

A/D 转换器是模拟信号源和 CPU 之间联系的接口，它的任务是将连续变化的模拟信号转换为数字信号，以便计算机和数字系统进行处理、存储、控制和显示。在数据采集等许多其他领域中，A/D 转换是不可缺少的。ARM S3C2410 芯片自带一个 8 路 10 位 A/D 转换器，并且支持触摸屏功能。ARM2410 实验箱只用作 3 路 A/D 转换器，其最大转换率为 500k，非线性度为正负 1.5 位，其转换时间可以通过下列公式计算，如果系统时钟为 50 MHz，比例值为 49，则为：

$$A/D \text{ 转换器频率} = 50 \text{ MHz}/(49 + 1) = 1 \text{ MHz}$$

$$转换时间 = 1/(1 \text{ MHz}/5\text{cycles}) = 1/200 \text{ kHz(相当于 5 μs)} = 5 \text{ μs}$$

采样控制寄存器设置如表 6-1、表 6-2 所示。该寄存器的 0 位是转换使能位，写 1 表示转换开始。1 位是读操作使能转换，写 1 表示转换在读操作时开始。3、4、5 位是通道号。[13:6] 位为 A/D 转换比例因子。14 位为比例因子有效位，15 位为转换标志位(只读)。

表 6-1　采样控制寄存器

寄存器	地址	读/写	描述	复位值
ADCCON	0x58000000	R/W	ADC 控制寄存器	0x3FC4

表 6-2　采样控制寄存器的位描述

ADCCON	位	描　　述	初始设置
ECFLG	[15]	转换结束标志(只读) 0：A/D 转换中；1：A/D 转换结束	0
PRSCEN	[14]	A/D 转换器比例因子有效位 0：无效；1：有效	0
PRSCVL	[13:6]	A/D 转换比例因子 数据值：1～255	0xFF
SEL_MUX	[5:3]	模拟输入通道选择 000 = AIN0，001 = AIN 1，010 = AIN 2，011 = AIN 3， 100 = AIN 4，101 = AIN 5，110 = AIN 6，111 = AIN 7(XP)	0
STDBM	[2]	等待模式选择 0：正常操作模式；1：等待模式	1
READ_ START	[1]	A/D 转换器读操作使能转换 0：转换不在读操作时开始； 1：转换在读操作时开始	0
ENABLE_ START	[0]	A/D 转换器转换使能位 如果 READ_START 标注有效，这个值是无效的 0：没有操作；1：A/D 转换开始	0

ADCDAT0 是 A/D 转换结果数据寄存器，如表 6-3 所示，该寄存器的十位表示转换后的结果，全为 1 时为满量程 3.3 伏。A/D 转换器在扩展板的连接如图 6-25 所示。

表 6-3　A/D 转换结果数据寄存器

寄存器	地址	读/写	描述	复位值
ADCDAT0	0x5800000C	R	ADC 转换数据寄存器	-

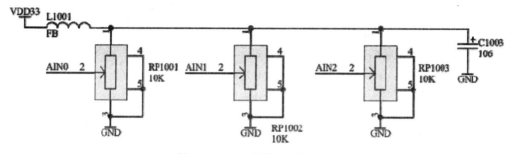

图 6-25　A/D 转换器连接电路

2. 网络接口模块电路

以太网芯片采用 DM9000AE，它是 16 bit 总线宽度，接在 S3C2410 的 Bank2 上。网络接口模块电路如图 6-26 和图 6-27 所示。

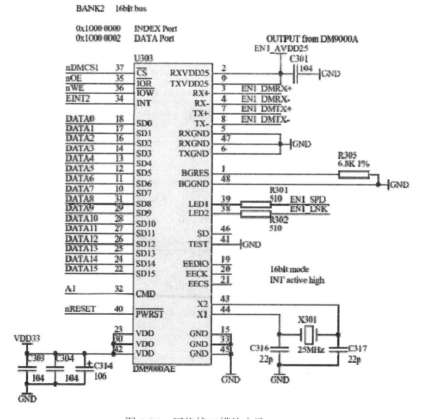

图 6-26　网络接口模块电路(1)

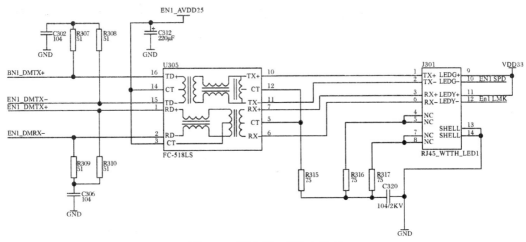

图 6-27　网络接口模块电路(2)

6.3.3　Socket 网络编程

在 TCP/IP 通信协议中，套接字(Socket)就是 IP 地址与端口号的组合。如图 6-28 所示，IP 地址 193.14.26.7 与端口号 13 组成一个套接字。

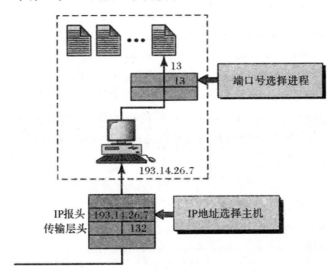

图 6-28　套接字(IP 地址和端口号的组合)

套接字类型包括以下几种：

(1) 字节流套接字(SOCK_STREAM)，基于 TCP 协议的连接和传输方式，又称为 TCP 套接字。

(2) 数据报套接字(SOCK_DGRAM)，基于 UDP 协议的连接和传输方式，又称为 UDP 套接字。

(3) 原始套接字(SOCK_RAM)，原始套接字允许对底层协议如 IP 或 ICMP 进行直接访问，提供 TCP 套接字和 UDP 套接字所不提供的功能，主要用于对一些协议的开发，如构造自己的 TCP 或 UDP 分组等。

1. Socket 网络编程相关函数

调用 Socket 网络编程相关函数所需要的头文件如下：

　　#include<sys/types.h>

　　#include<sys/socket.h>

Socket 网络编程相关函数如下：

1) socket 函数

调用 socket 函数获得一个套接字描述符，该函数形式如下

　　int socket(int family，int type，int protocol)；

函数返回值：成功则返回套接字描述符，这是一个非负整数，若出错则返回 –1。

(1) 参数 family 指定使用的协议簇，目前支持 5 种协议簇，比较常用的有 AF_INET(IPV4 协议)和 AF_INET6(IPV6 协议)。另外，还有 AF_LOCAL(Unix 协议)、AF_ROUTE(路由套接字)、AF_KEY(密钥套接字)。

(2) 参数 type 指定使用的套接字类型。

(3) 参数 protocol，如果套接字类型不是原始套接字，那么这个参数为 0。

2) bind 函数

bind 函数为套接字描述符分配一个本地 IP 地址和一个端口号，将 IP 地址和端口号与套接字描述符绑定在一起。该函数仅适用于 TCP 连接，如果指定端口号为 0，系统将随机分配一个临时端口号。该函数形式如下：

　　int bind(int sockfd，struct sockaddr*myaddr，int addrlen)；

函数返回值：若调用成功则返回 0，若出错则返回 –1。

(1) 参数 sockfd 是 socket 函数返回的套接字描述符。

(2) 参数 myaddr 和 addrlen 分别是一个指向本地 IP 地址结构的指针和该结构的长度。bind 函数使用的 IP 地址结构和端口号在地址结构 struct sockaddr*myaddr 中指定。

3) 地址结构

网络地址的表示主要通过两个重要的数据类型：结构体 sockaddr 和 sockaddr_in，其定义分别如下：

(1) 结构体 sockaddr。

```
struct sockaddr{
    unsigned short sa_family;        /*通信协议类型簇，AF_xxx*/
    char sa_data[14];                /* 14 字节协议地址，包含该 Socket 的 IP 地址和端口号*/
};
```

各个字段的含义如下：

sa_family：一般为 AF_INET，代表 Internet(TCP/IP)地址族的 IPV4 协议，其他的值请查阅相关手册。

sa_data：包含了一些远程计算机的 IP 地址、端口号和套接字的数目，这些数据是混在一起的。

(2) 结构体 sockaddr_in。

```
struct sockaddr_in{
```

```
        short int sin_family;                   /*通信协议类型簇*/
        unsigned short int sin_port;            /*端口号*/
        struct in_addr sin_addr                 /*IP 地址*/
        unsigned char sin_zero[8];              /*填充 0 以保持与 sockaddr 结构的长度相同*/
        /*与 struct sockaddr 同样大小*/
    };
```

这个结构更方便使用。指向 sockaddr_in 的指针和指向 sockaddr 的指针可以相互转换，这意味着如果一个函数所需参数类型是 sockaddr 时，你可以在函数调用的时候将一个指向 sockaddr_in 的指针转换为指向 sockaddr 的指针；或者相反。

4）connect 函数

connect 函数用于在客户端通过 Socket 套接字建立网络连接，该函数形式如下：

```
        int connect(int sockfd, const struct sockaddr*serv_addr, socklen_t addrlen);
```

函数返回值：若连接成功则返回 0，若连接失败则返回 –1。

(1) 参数 sockfd 是 socket 函数返回的套接字描述符。

(2) 参数 serv_addr 和 addrlen 分别是服务器的 IP 地址结构的指针和该结构的长度。

connect 函数使用的 IP 地址结构和端口号在地址结构 struct sockaddr*myaddr 中指定。

5）listen 函数

listen 函数应用于 TCP 连接的服务程序，它的作用是通过 Socket 套接字等待来自客户端的连接请求，该函数形式如下：

```
        int listen(int sockfd, int backlog);
```

函数返回值：若连接成功则返回 0，若连接失败则返回 –1。

(1) 参数 sockfd 是 socket 函数经 bind 绑定后的套接字描述符。

(2) 参数 backlog 为设置可连接客户端的最大连接个数，默认值为 20。

6）accept 函数

accept 函数应用于 TCP 连接的服务程序，accept 函数调用后，服务器程序会一直处于阻塞状态，等待来自客户端的连接请求，该函数形式如下：

```
        int accept(int sockfd, struct sockaddr*cliaddr, socklen_t*addrlen);
```

函数返回值：若接收到客户端的连接请求，则返回非负的套接字描述符；若失败，则返回 –1。

(1) 参数 sockfd 是 socket 函数经 listen 后的套接字描述符。

(2) 参数 cliaddr 和 addrlen 分别是客户端的套接口地址结构和该地址结构的长度。

7）send 函数和 recv 函数

这两个函数分别用于发送和接收数据。

send 函数形式如下：

```
        int send(int sockfd, const void*msg, int len, int flags);
```

函数返回值：send 函数返回发送的字节数，若出错则返回 –1。

(1) 参数 sockfd 是调用 socket 函数后返回的套接字描述符。

(2) msg 是指向存放发送数据的缓冲区。

(3) len 指定发送缓冲区的大小。

(4) flags 指定发送方式，一般设置为 0。

recv 函数的形式如下：

  int recv(int sockfd, void*buf, int len, unsigned int flags);

函数返回值：recv 函数返回接收数据的字节数；连接被关闭，返回 0；若出错则返回 −1。

(1) 参数 sockfd 是调用 socket 函数后返回的套接字描述符。

(2) buf 是指向存放接收数据的缓冲区。

(3) len 指定接收缓冲区的大小。

(4) flags 指定发送方式，一般设置为 0。

2. 基于 TCP 的 Socket 程序流程

基于 TCP 协议的 Socket 网络编程包括服务器端的网络编程和客户端的网络编程。

1) 服务器端程序流程

(1) 调用 socket 函数创建一个用于通信的 TCP 协议的 Socket 套接字描述符 sockfd，其语句如下：

  sockfd = socket(AF_INET, SOCK_STREAM, 0);

(2) 初始化 sockaddr 结构体，设定套接字端口号，然后与 Socket 套接字描述符进行绑定。其语句如下：

  my_addr.sin_family = AF_INET;

  my_addr.sin_port = htons(2323);

  my_addr.sin_addr.s_addr = INADDR_ANY;

  bzero(&(my_addr.sin_zero), 8);

  bind(sockfd, (struct sockaddr*)&my_addr, sizeof(struct sockaddr));

(3) 调用 listen 函数使 Socket 套接字成为一个监听套接字。其语句如下：

  listen(sockfd, 10);

(4) 调用 accept 函数监听套接字端口，等待客户端连接。一旦建立连接，将产生一个新的套接字，这个新的套接字用于与客户端通信。其语句如下：

  new_fd = accept(sockfd, (struct sockaddr *)&their_addr, &sin_size);

(5) 处理客户端的会话请求，将接收到的数据存放到接收数据缓冲区。

接收客户端数据的语句如下：

  numbytes = recv(new_fd, buff, strlen(buff), 0);

向客户端发送数据的语句如下：

  send(new_fd, "OK, This is Server.", strlen(buff), 0);

(6) 通信结束，终止连接。其语句如下：

  close(sockfd);

2) 客户端程序流程

(1) 创建一个 Socket 套接字描述符 sockfd，其语句如下：

  sockfd = socket(AF_INET, SOCK_STREAM, 0);

(2) 在客户端初始化 sockaddr 结构体，并设定与服务器相同的端口号。其语句如下：

```
my_addr.sin_family = AF_INET;

my_addr.sin_port = htons(2323);
```

(3) 调用 connect 函数连接服务器。

(4) 向服务器发送数据，或者从服务器接收数据。

(5) 终止连接。

6.3.4　数据采集系统软件设计

1. Linux A/D 驱动程序设计

S3C2410 内置 A/D 转换器的工作过程如下：

(1) 通过设置控制寄存器 ADCCON 完成 A/D 转换器的相关参数的设置，如工作模式、比例因子使能、比例因子值等。

(2) 选择 A/D 转换器的输入通道。A/D 转换器有 8 个输入通道，但每次只能选择 1 个输入通道，通过设置 ADCCON 寄存器的第 3~5 位选择输入通道。

(3) 将 ADCCON 寄存器的第 0 位置 1，启动 A/D 转换器开始进行 A/D 转换。

(4) A/D 转换结束后，A/D 转换器会向处理器发送一个中断请求(INT_ADC)，并将 A/D 转换的结果存放在 ADCDAT0 寄存器的第 10 位，读取 ADCDAT0 寄存器的第 10 位就是 A/D 转换的结果。

【例 6-2】　S3C2410 内置 A/D 驱动程序。

```c
#include<linux/config.h>

#include<linux/module.h>

#include<linux/kernel.h>

#include<linux/init.h>

#include<linux/sched.h>

#include<linux/irq.h>

#include<linux/delay.h>

#include<asm/hardware.h>

#include<asm/semaphore.h>

#include<asm/uaccess.h>

#include "s3c2410-adc.h"

#undef DEBUG

#ifdef DEBUG

#define DPRINTK(x...){printk(__FUNCTION__" (%d): ", __LINE__); printk(##x); }

#else

#define DPRINTK(x...)(void)(0)

#endif


#define DEVICE_NAME "s3c2410-adc"

#define ADCRAW_MINOR1
```

```
static int adcMajor = 0;
typedef struct{
    struct semaphore lock;
    wait queue head t wait;
    int channel;
    int prescale;
}ADC_DEV;
static ADC_DEV adcdev;
/*给 A/D 控制寄存器赋值，并开始 A/D 转换*/
#define START_ADC_AIN(ch, prescale)\
do{\
    ADCCON = PRESCALE_EN | PRSCVL(prescale) | ADC_INPUT((ch)); \
    ADCCON |= ADC_START; \
}while(0)
/*发生中断时执行的函数*/
static void adcdone_int_handler(int irq, void*dev_id, struct pt_regs*reg)
{
    wake_up(&adcdev.wait);
}
/*向设备写数据函数*/
static ssize_t s3c2410_adc_write(struct file *file, const char *buffer, size_t count, loff_t * ppos)
{
    int data;
    if(count != sizeof(data)){
        //error input data size
        DPRINTK("the size of   input data must be %d\n", sizeof(data));
        return 0;
    }
    copy_from_user(&data, buffer, count);
    adcdev.channel = ADC_WRITE_GETCH(data);
    adcdev.prescale = ADC_WRITE_GETPRE(data);
    DPRINTK("set adc channel = %d, prescale = 0x%x\n", adcdev.channel, adcdev.prescale);
    return count;
}
/*从设备读数据函数*/
static ssize_t s3c2410_adc_read(struct file *filp, char*buffer, size_t count, loff_t *ppos)
{
    int ret = 0;
    if (down_interruptible(&adcdev.lock))
```

```
        return –ERESTARTSYS;
        START_ADC_AIN(adcdev.channel, adcdev.prescale);
        interruptible_sleep_on(&adcdev.wait);
        ret = ADCDAT0;
        ret &= 0x3ff;
        DPRINTK("AIN[%d] = 0x%04x, %d\n", adcdev.channel, ret, ADCCON & 0x80 ? 1：0);
        copy_to_user(buffer, (char*)&ret, sizeof(ret));
        up(&adcdev lock);
        return sizeof(ret);
}
/*打开设备函数*/
static int s3c2410_adc_open(struct inode*inode, struct file*filp)
{
        init_MUTEX(&adcdev.lock);
        init_waitqueue_head(&(adcdev.wait));
        adcdev.channel = 0;
        adcdev.prescale = 0xff;
        MOD_INC_USE_COUNT;
        DPRINTK("adc opened\n");
        return 0;
}
/*释放设备函数*/
static int s3c2410_adc_release(struct inode *inode, struct file *filp)
{
        MOD_DEC_USE_COUNT;
        DPRINTK("adc closed\n");
        return 0;
}
/*驱动程序接口函数*/
static struct file_operations s3c2410_fops = {
        owner：THIS_MODULE,
        open：s3c2410_adc_open,
        read：s3c2410_adc_read,
        write：s3c2410_adc_write,
        release：s3c2410_adc_release,
};
#ifdef CONFIG_DEVFS_FS
static devfs_handle_t devfs_adc_dir, devfs_adcraw;
#endif
```

```
int __init s3c2410_adc_init(void)
{
    int ret;
    /* normal ADC */
    ADCTSC = 0; //XP_PST(NOP_MODE);
    ret = request_irq(IRQ_ADC_DONE, adcdone_int_handler, SA_INTERRUPT,
    DEVICE_NAME, NULL);      //向内核申请中断
    if (ret) {
        return ret;
    }
    ret = register_chrdev(0, DEVICE_NAME, &s3c2410_fops);
    if (ret < 0) {
        printk(DEVICE_NAME "can't get major number\n");
        return ret;
    }
    adcMajor = ret;
    #ifdef CONFIG_DEVFS_FS
    /*创建设备文件目录*/
        devfs_adc_dir = devfs_mk_dir(NULL, "adc", NULL);
    /*向内核注册设备，并创建设备文件*/
        devfs_adcraw = devfs_register(devfs_adc_dir, "0raw", DEVFS_FL_DEFAULT,
                    adcMajor, ADCRAW_MINOR, S_IFCHR | S_IRUSR | S_IWUSR,
                    &s3c2410_fops, NULL);
    #endif
        printk (DEVICE_NAME "\tinitialized\n");
        return 0;
}
module_init(s3c2410_adc_init);
#ifdef MODULE
void __exit s3c2410_adc_exit(void)
{
    #ifdef CONFIG_DEVFS_FS
        devfs_unregister(devfs_adcraw);
        devfs_unregister(devfs_adc_dir);
    #endif
        unregister_chrdev(adcMajor, DEVICE_NAME);
        free_irq(IRQ_ADC_DONE, NULL);
}
module_exit(s3c2410_adc_exit);
```

```
MODULE_LICENSE("GPL");
#endif
```

S3C2410-adc.h 头文件的内容如下：

```
#ifndef _S3C2410_ADC_H_
#define _S3C2410_ADC_H_
/*将通道号与比例因子组合*/
#define ADC_WRITE(ch, prescale) ((ch)<<16 | (prescale))
/*从组合数中得到通道号*/
#define ADC_WRITE_GETCH(data)      (((data)>>16)&0x7)
/*从组合数中得到比例因子*/
#define ADC_WRITE_GETPRE(data)     ((data)&0xff)
#endif /* _S3C2410_ADC_H_ */
```

2. 数据采集及 Socket 网络通信应用程序

1) 客户端数据采集及发送程序

【例 6-3】 实验箱为客户端，将采集到的数据 A/D 转换后通过网络发送给 PC 机。

(1) 客户端数据采集程序 data_collect.c：

```c
#include <stdio.h>
#include <unistd.h>
#include <sys/types.h>
#include <sys/ipc.h>
#include <sys/ioctl.h>
#include <pthread.h>
#include <fcntl.h>
#include "s3c2410-adc.h"
#define ADC_DEV "/dev/adc/0raw"
static int adc_fd = -1;
static int init_ADdevice(void)
{
    if((adc_fd = open(ADC_DEV, O_RDWR))<0){
        printf("Error opening %s adc device\n", ADC_DEV);
        return -1;
    }
}
static int GetADresult(int channel)
{
    int PRESCALE = 0XFF;
    int data = ADC_WRITE(channel, PRESCALE);
    write(adc_fd, &data, sizeof(data));
```

```
        read(adc_fd, &data, sizeof(data));
        return data;
    }
```

(2) 客户端数据采集程序头文件 data_collect.h：

```
    static int init_ADdevice(void);
    static int GetADresult(int channel);
```

(3) 客户端数据发送程序 client_send.c：

```
    /* File Name: client.c */
    #include<stdio.h>
    #include<stdlib.h>
    #include<string.h>
    #include<errno.h>
    #include<sys/types.h>
    #include<sys/socket.h>
    #include<netinet/in.h>
    #include<data_collect.h>
    #define MAXLINE 4096
    int main(int argc, char**argv)
    {
        int sockfd, n, rec_len;
        char recvline[4096], sendline[4096];
        char buf[MAXLINE];
        struct sockaddr_in servaddr;
        if(argc != 2)
        {
            printf("usage: ./client <ipaddress>\n");
            exit(0);
        }
        if((sockfd = socket(AF_INET, SOCK_STREAM, 0))<0)
        {
            printf("create socket error：%s(errno：%d)\n", strerror(errno), errno);
            exit(0);
        }
        memset(&servaddr, 0, sizeof(servaddr));
        servaddr.sin_family = AF_INET;
        servaddr.sin_port = htons(4321);
        if( inet_pton(AF_INET, argv[1], &servaddr.sin_addr) <= 0)
        {
            printf("inet_pton error for %s\n", argv[1]);
```

```
        exit(0);
    }
    if( connect(sockfd, (struct sockaddr*)&servaddr, sizeof(servaddr)) < 0)
    {
        printf("connect error：%s(errno：%d)\n", strerror(errno), errno);
        exit(0);
    }
    printf("send msg to server：\n");
    if(init_ADdevice() < 0)
        return-1;
    d = ((float)GetADresult(1)*3.3)/1024.0;
    gcvt(d, 10, sendline);
    if(send(sockfd, sendline, strlen(sendline), 0) < 0)
    {
        printf("send msg error：%s(errno：%d)\n", strerror(errno), errno);
        exit(0);
    }
    if((rec_len = recv(sockfd, buf, MAXLINE, 0)) == -1)
    {
        perror("recv error");
        exit(1);
    }
    buf[rec_len] = '\0';
    printf("Received：%s", buf);
    close(sockfd);
    exit(0);
}
```

2) 服务器端数据接收程序

【例 6-4】　PC 机服务器端数据接收程序。

```
/* File Name: server.c */
#include<stdio.h>
#include<stdlib.h>
#include<string.h>
#include<errno.h>
#include<sys/types.h>
#include<sys/socket.h>
#include<netinet/in.h>
#define DEFAULT_PORT 8000
#define MAXLINE 4096
```

```
int main(int argc, char** argv)
{
    int socket_fd, connect_fd;
    struct sockaddr_in servaddr;
    char buff[4096];
    int n;
    //初始化 Socket
    if((socket_fd = socket(AF_INET, SOCK_STREAM, 0)) == -1)
    {
        printf("create socket error：%s(errno：%d)\n", strerror(errno), errno);
        exit(0);
    }
    //初始化
    memset(&servaddr, 0, sizeof(servaddr));
    servaddr.sin_family = AF_INET;
    servaddr.sin_addr.s_addr = htonl(INADDR_ANY); //IP 地址设置成 INADDR_ANY，让系统自动
                                                   获取本机的 IP 地址
    servaddr.sin_port = htons(DEFAULT_PORT);       //设置的端口为 DEFAULT_PORT
    //将本地地址绑定到所创建的套接字上
    if(bind(socket_fd, (struct sockaddr*)&servaddr, sizeof(servaddr)) == -1)
    {
        printf("bind socket error：%s(errno：%d)\n", strerror(errno), errno);
        exit(0);
    }
    //开始监听是否有客户端连接
    if(listen(socket_fd, 10) == -1)
    {
        printf("listen socket error：%s(errno：%d)\n", strerror(errno), errno);
        exit(0);
    }
    printf("======waiting for client's request======\n");
        while(1)
    {
        //阻塞直到有客户端连接，防止浪费 CPU 资源
        if( (connect_fd = accept(socket_fd, (struct sockaddr*)NULL, NULL)) == -1){
            printf("accept socket error: %s(errno: %d)", strerror(errno), errno);
            continue;
        }
        //接受客户端传过来的数据
```

```
            n = recv(connect_fd, buff, MAXLINE, 0);
            //向客户端发送回应数据
            if(!fork())
            {
                    if(send(connect_fd, "Hello, you are connected!\n", 26, 0) == -1)
                    perror("send error");
                    close(connect_fd);
                    exit(0);
            }
            buff[n] = '\0';
            printf("recv msg from client: %s\n", buff);
            close(connect_fd);
        }
        close(socket_fd);
}
```

6.3.5　系统调试

1. 驱动程序的编译和加载

将【例 6-2】程序保存为 s3c2410_adc.c，然后在同一目录下编写 Makefile 文件如下：

```
KERNELDIR = /arm2410cl/kernel/linux-2.4.18-2410cl/
INCLUDEDIR = $(KERNELDIR)/include
CROSS_COMPILE = armv4l-unknown-linux-
CC = $(CROSS_COMPILE)gcc
CFLAGS += -I..
CFLAGS += -Wall -O -D__KERNEL__ -DMODULE -I$(INCLUDEDIR)
TARGET = s3c2410-adc.o
SOURCE = s3c2410-adc.c
all: $(TARGET)
$(TARGET):$(SOURCE)
$(CC) -c $(CFLAGS) $^ -o $@
clean:
rm -f *.o *~ core .depend
```

在 Linux 终端下输入 make 命令，生成 s3c2410-adc.o 驱动程序。

2. 实验箱(客户端)程序编译

输入以下命令，生成客户端可执行程序：

```
#armv4l-unknown-linux-gcc client.c -o client
```

3. PC 机(服务器)程序编译

输入以下命令，生成服务器端可执行程序：

    #gcc server_receive.c -o server_receive

4. 程序运行

在 UP-NETARM2410-CL 实验箱上进行客户端程序验证，将实验箱 IP 地址配置为 192.168.0.104，Linux 主机 IP 地址配置为 192.168.0.121，Windows IP 地址配置为 192.168.0.110。

(1) 运行 FlashFXP 软件，将客户端可执行文件 client 上传至实验箱，如图 6-29。

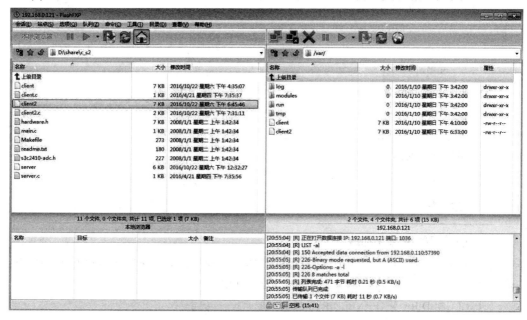

图 6-29   主机文件上传至实验箱

(2) 运行服务器端程序，等待客户端连接，运行情况如下：

    [root@localhost c_s2]# ./server

    ======waiting for client's request======

(3) 通过超级终端进入实验箱，加载 s3c2410-adc.o 驱动程序，命令如下：

    #Insmod s3c2410-adc.o

(4) 运行客户端程序和服务器端程序，旋转实验箱上第 2 个电位器，观察 PC 机上服务器端获得的数据，结果如下：

    [/mnt/yaffs/baoliqun] client2   192.168.0.104

    [root@localhost c_s2]# ./server

    ======waiting for client's request======

    recv msg from client: 2.19140625

    recv msg from client: 3.296777248

    recv msg from client: 3.296777248

    recv msg from client: 0.4447265565

    recv msg from client: 0

    recv msg from client: 0.116015628

从以上结果可以看出，电位器产生的模拟量信号经 A/D 转换后已发送至上位机。读者也可以在上位机编写图形界面程序，观察效果会更加直观。

6.4 嵌入式 Linux 时间编程

在数据采集等应用中，时间是非常重要的信息，它通常与采集到的数据一起传送到服务器，本节的目标是实现时间信息的获取和转换。

6.4.1 时间类型

1. 格林尼治标准时间

Coordinated Universal Time(UTC)是世界标准时间，即常说的格林尼治标准时间(Greenwich Mean Time, GMT)。

注：格林尼治时间和本地时间不同。

2. 日历时间

日历时间(Calendar Time)是用"一个标准时间点(如 1970 年 1 月 1 日 0 点)到此时经过的秒数"来表示的时间。

6.4.2 常用时间函数

时间函数的 API 均属于系统调用函数。

1. 获取日历时间

获取日历时间的命令如下：

```
#include <time.h>

time_t time(time_t *tloc);
```

函数功能：获取日历时间，即从 1970 年 1 月 1 日 0 时 0 分 0 秒算起到现在所经历的秒数。

参数：通常设置为 NULL。

【例 6-5】 获取日历时间。

```
#include <time.h>

#include <stdio.h>

int main()

{

    int seconds = 0;

    seconds = time(NULL);

    printf("seconds = %d\n", seconds);

}
```

执行结果：

```
seconds = 1478762520
```

注：通常用户得到日历时间的秒数没有实际的意义，但可以为时间转化做一些铺垫。为了更好的表示和利用时间，用户需要将这些秒数转化为更容易接受的时间表示方式，这些时间表示方式有格林尼治时间、本地时间等。

2. 将日历时间转换为格林尼治标准时间

将日历时间转换为格林尼治标准时间的语句如下：

```
struct tm *gmtime(const time_t *timep);
```

函数功能：将日历时间转化为格林尼治标准时间，并保存在 tm 结构中。

参数：日历时间的返回值。

3. 将日历时间转化为本地时间

将日历时间转化为本地时间的语句如下：

```
struct tm* localtime(const time_t *timep);
```

函数功能：将日历时间转化为本地时间，并保存至 tm 结构中。

参数：日历时间的返回值。

注意：由上面两个函数可以看出，这两个函数的返回值均存放在 tm 结构中，具体的 tm 结构如下：

```
struct tm
{
    int tm_sec;              /*秒，正常范围 0~59，  但允许至 61*/
    int tm_min;              /*分钟，0~59*/
    int tm_hour;             /*小时，  0~23*/
    int tm_mday;             /*日，即一个月中的第几天，1~31*/
    int tm_mon;              /*月，从一月算起，0~11*/  1+p->tm_mon;
    int tm_year;             /*年，从 1900 至今已经多少年*/1900＋ p->tm_year;
    int tm_wday;             /*星期，一周中的第几天，  从星期日算起，0~6*/
    int tm_yday;             /*从今年 1 月 1 日到目前的天数，范围 0~365*/
    int tm_isdst;            /*夏令时，目前已不使用 */
};
```

注意：(1) 年份是从 1900 年起至今多少年，而不是直接存储(如 2015 年)；月份从 0 开始的，0 表示一月；星期也是从 0 开始的，0 表示星期日，1 表示星期一。

(2) 利用函数 gmtime、localtime 可以将日历时间转化为格林尼治时间和本地时间，虽然用户可通过结构体 tm 来获取这些时间值，但看起来还不方便，最好是将所有的信息(如年、月、日、星期、时、分、秒)以字符串的形式显示出来，这样就更加直观。

4. 将日历时间转化为本地时间的字符串形式

将日历时间转化为本地时间的字符串形式的语句如下：

```
char *ctime(const time_t *timep);
```

函数功能：将日历时间转化为本地时间的字符串形式。

参数：日历时间的返回值。

注意：该函数使用步骤如下：

(1) 使用函数 time 来获取日历时间。

(2) 使用函数 ctime 将日历时间直接转化为字符串。

5. 将格林尼治时间转化为字符串

将格林尼治时间转化为字符串的语句如下：

```
char *asctime(const struct tm *tm);
```

函数功能：将 tm 格式的时间转化为字符串。

参数：日历时间的返回值。

例如：Sat Jul 21 07:13:06 2016。

注意：该函数的使用包含下面 3 个步骤：

(1) 使用函数 time 来获取日历时间。

(2) 使用函数 gmtime 将日历时间转化为格林尼治标准时间。

(3) 使用函数 asctime 将 tm 格式的时间转化为字符串。

6. 获取从今日凌晨到现在的时间差

获取从今日凌晨到现在的时间差的语句如下：

```
int gettimeofday(struct timeval *tv, struct timezone *tz);
```

函数功能：获取从今日凌晨(0:0:0)到现在的时间差，常用于计算事件耗时。

参数 1：存放从今日凌晨(0:0:0)到现在的时间差，时间差以秒或微秒为单位，以结构体形式存放。

```
struct timeval
{
    int tv_sec; //秒数
    int tv_usec; //微秒数
}
```

参数 2：结构体定义如下：

```
struct timezone{
    int tz_minuteswest;   /*和 GMT 时间差*/
    int tz_dsttime;
};
```

函数用法：可以在做某件事情之前调用 gettimeofday，在做完该件事情之后调用 gettimeofday，两个函数的参数 1 的差就是做该事情所消耗的时间。

7. 延时函数

(1) 使程序睡眠 seconds (秒)，其语句如下：

```
unsigned int sleep(unsigned int seconds);
```

函数功能：使程序睡眠 seconds 秒。

参数：需要休眠的秒数。

(2) 使程序睡眠 usec (微秒)，其语句如下：

```
void usleep(unsigned long usec);
```

函数功能：使程序睡眠 usec (微秒)。

参数：需要休眠的秒数。

6.4.3　时间信息的获取

1. 获取本地时间

【例 6-6】　获取当前本地时间和 UTC 时间的年月日和时分秒。

```
#include <time.h>
#include <stdio.h>
int main()
{
    struct tm *local, *utc;
    time_t t;
    t = time(NULL); //获取日历时间
    local = localtime(&t);//将日历时间转化为本地时间，并保存在 struct tm 结构中
    printf("Local year:%d, month:%d, day:%d, hour:%d, minute:%d, second:%d\n",
        local->tm_year+1900, local->tm_mon+1, local->tm_mday, local->tm_hour,
        local->tm_min, local->tm_sec);
    utc = gmtime(&t);//将日历时间转化为格林尼治时间，并保存在 struct tm 结构中
    printf("UTC year: %d, month:%d, day:%d, hour:%d, minute:%d, second: %d\n", utc->tm_year
        +1900, utc->tm_mon+1, utc->tm_mday, utc->tm_hour, utc->tm_min, utc->tm_sec);
}
```

执行结果：

```
Local year:2016, month:11, day:10, hour:3, minute:51, second:53
UTC year:2016, month:11, day:10, hour:8, minute:51, second:53
```

使用 date 命令获取 Linux 系统的当前时间如下：

```
[root@localhost lishuai]# date //获取 Linux 系统的当前时间
Thu Nov 10 03:52:26 EST 2016
```

2. 将时间转换为字符串

【例 6-7】　将时间转换为字符串格式。

```
#include <time.h>
#include <stdio.h>
int main()
{
    struct tm *ptr;
    time_t lt;
    lt = time(NULL);
    ptr = gmtime(&lt);
    printf(asctime(ptr));
    printf(ctime(&lt));
```

```
        return 0;
    }
```

运行结果：

```
[root@localhost time].//timetostr
Thu Nov 10 07:29:09 2016
Thu Nov 10 02:29:09 2016
```

6.4.4　计算程序运行时间

【例 6-8】　计算函数 function 的耗时。

```
#include <sys/time.h>
#include <stdio.h>
#include <stdlib.h>
#include <math.h>
void function()
{
    unsigned int i,j;
    double y;
    for(i=0; i<100; i++)
      for(j=0; j<100; j++)
          {usleep(10); y++;}
}
main()
{
    struct timeval tstart, tspend;
    float timeuse;
    gettimeofday(&tstart, NULL);          //开始时间
    function();
    gettimeofday(&tspend, NULL);          //结束时间
    timeuse = 1000000*(tspend.tv_sec-tstart.tv_sec)+tspend.tv_usec-tstart.tv_usec;
    timeuse /= 1000000;
    printf("used time:%f sec.\n", timeuse);
    exit(0);
}
```

执行结果：

```
[root@localhost lishuai]# gcc test_time.c -o test_ time
[root@localhost lishuai]# ./test_time
used time:0.380824 sec.
```

参 考 文 献

[1] 李新荣. ARM9 嵌入式系统设计与应用[M]. 北京：清华大学出版社，2011.

[2] 文全刚. 嵌入式 linux 操作系统原理与应用[M]. 2 版. 北京：北京航空航天大学出版社，2014.

[3] 田泽. 嵌入式系统开发与应用教程[M]. 2 版. 北京：北京航空航天大学出版社，2010.

[4] 张思民. 嵌入式系统设计与应用[M]. 2 版. 北京：清华大学出版社，2014.

[5] 刘志强. 基于项目驱动的嵌入式 Linux 应用设计开发[M]. 北京：清华大学出版社，2016.

[6] http://www.sqlite.org/.

[7] http://www.arm9.net/Tiny210.asp.

[8] http://mt.sohu.com/20160608/n453525656.shtml.